著者简介

樱庭洋之

目前任职于Basic Japan公司，从事Web应用及智能手机应用的开发工作，喜欢编写一些“无用但有趣”的程序。与望月幸太郎合著有《轻松理解JavaScript（新版）》一书。

望月幸太郎

Web应用程序开发工程师。与樱庭洋之合著有《轻松理解JavaScript（新版）》一书，其参与写作的目的是想以尽可能简单的方式向读者解读复杂的编程知识。

青少年编程与人工智能启蒙

小心没大错！

新手程序员排错指南

[日]樱庭洋之　望月幸太郎◎著

鲁尚文◎译

科学出版社

北京

图字：01-2024-5413号

内 容 简 介

排查故障是困扰新手程序员的主要问题之一。本书旨在帮助新手程序员消除对代码错误的抵触情绪，提升解决故障的能力，同时掌握编写高质量程序的方法。

本书共分为6章，通过漫画导读和丰富的示例，生动剖析了新手程序员对代码错误产生抵触情绪的原因，详细介绍了错误信息的阅读方法及程序员在编程过程中可能遇到的各种代码错误，直观讲解了高效排查故障的策略、利用工具简化调试流程的方法、应对复杂代码故障的技巧，以及编写易于调试代码的方法。

本书可作为计算机专业的入门书籍，适用于计算机领域从业者、计算机相关专业学生、编程爱好者。

图书在版编目（CIP）数据

小心没大错！新手程序员排错指南 /（日）樱庭洋之，（日）望月幸太郎著 ；鲁尚文译. -- 北京 ：科学出版社，2025. 1. -- ISBN 978-7-03-079967-8

Ⅰ. TP311.1-62

中国国家版本馆CIP数据核字第2024WL7973号

责任编辑：许寒雪　杨　凯 / 责任制作：周　密　魏　谨

责任印制：肖　兴 / 封面设计：郭　媛

科学出版社 出版

北京东黄城根北街16号

邮政编码：100717

http://www.sciencep.com

三河市春园印刷有限公司印刷

科学出版社发行　各地新华书店经销

*

2025年1月第　一　版　开本：880×1230 1/32

2025年1月第一次印刷　印张：6

字数：151 000

定价：39.80元

（如有印装质量问题，我社负责调换）

序

编程是一项极具吸引力和挑战性的活动，它能使我们将自己的想法转为现实，并找到各种问题的解决方案。然而，一个程序从完成到运行的过程并不总是一帆风顺的。有时，相比编写程序的时间而言，人们会将更多的时间花费在应对程序的错误上。作为程序员的您，能否熟练应对“程序不按预期工作”的情况，在很大程度上影响着您的工作效率和工作进度。

特别是刚刚进入开发岗位工作、编程经验较少的人，可能会面临不知道如何处理程序错误，进而无法推进开发工作，甚至无法按时下班回家的情况。笔者在刚开始学习编程及每次尝试学习一项新技术时，都曾有过类似的经历。

掌握故障（程序不能正常运行的状况）的解决技巧，是编程的重要能力之一。如果您能高效地找出故障的原因并及时加以解决，就能在相对较短的时间内编写出较高质量的程序。

此外，面对障碍时不能高效解决，往往是阻碍初级程序员进阶为中级程序员的主要因素之一。一些初级程序员在阅读程序错误信息或遇到程序不按预期运行的情况时，会感到十分痛苦。面对这种情况，您不妨将解决故障的过程想象为“寻宝”或“解谜”等情形。本书面向被故障困扰的新手程序员，详细介绍了如何高效“寻宝”或“解谜”的试错方法。相信充分利用本书中的知识，您能在排查故障时更加得心应手，同时能更加享受编程本身的乐趣。

本书旨在成为一本对所有曾经对程序无法运行感到困惑和痛苦的程序员有所帮助的书。希望各位读者通过本书能够更加享受编程，并在工作中取得优异成果。

樱庭洋之　望月幸太郎

前　言

我的名字叫三澄。
这是我作为程序员
在开发现场的首次亮相。

好了！
写出了完美的程序！

Enter
运行！

啊？

ERROR!
发生了错误。

程序……
无法运行？！

本书主人公三澄编写了“自认为完美的程序”，但当他尝试运行程序时出现了错误，不能正常运行。像这样的情况，不管哪个程序员都会经历。为了使程序恢复正常，我们必须找到错误的原因并修正错误。

本书阐述了查找错误原因和解决故障的方法。我们的目标是，通过这本书帮助读者在面临和三澄类似的情况时，能够高效地完成工作。

当遇到程序无法运行的状况时，我们面临的问题主要分为两类：一类是可以通过阅读错误信息解决的问题；一类是需要仔细查找原因的问题。本书将围绕这两类问题分别进行详细讨论。

首先，第 1、2 章将重点讨论“可以通过阅读错误信息解决的问题”。

第 1 章

在第 1 章中，我们将谈及人们不想阅读错误信息的几点根本原因，并介绍如何克服抵触情绪阅读错误信息。

第 2 章

在第 2 章中，我们将详细讲解阅读错误信息的方法。通过了解错误信息的组成部分和种类，我们能从中获取关键信息。

接下来，第 3、4 章将重点讨论“需要仔细查找原因的问题”。我们的目标是，让读者在遇到读取错误信息也无法解决的问题或遇到没有显示错误信息的问题时，学会排查故障，找到发生故障的原因。

第 3 章

第 3 章讲解了排查故障的常用技术——调试（debug）。

第 4 章

第 4 章讲解了利用工具高效排查故障的方法。熟练地使用一些工具，将使我们在解决问题时事半功倍。

当然，在实际的编程实践中，我们也许会遇到一些特别难以解决的问题。

第 5 章

有一些无论如何查找故障原因也无法解决的问题，这在编程实践中并不少见。第 5 章介绍了如何在这种情况下找到解决方案。

第 6 章

第 6 章介绍了如何编写让排查故障更轻松的程序。容易排查故障的程序，本身也是不容易产生故障的高质量程序。我们希望读者在磨炼解决故障技能的同时，也能获得编写高质量程序的技能。

总之，让我们通过这本书一起磨炼技能吧！

目　录

第1章

为什么错误信息令人抵触

忘了些事情，
得赶回去……
直下（三澄的前辈）

?
还有谁
在那儿？

嘎吱
?!
三……
三澄？
你在干什么？
永不言弃
行动起来!!

我在祈祷
代码能
运行起来……
好好阅读错误信息
就行了！
ERROR!

阅读……
错误信息？

每个人在运行代码时都会遇到错误。而错误信息是修复代码所依赖的宝贵信息来源，它并不是程序员的大敌，而是程序员可靠的盟友。程序员可以根据从错误信息中获得的提示，完善代码。

此外，有不少人会下意识地认为自己不擅长处理代码错误。因为学习编程的机会很多，但学习处理错误的机会极少，这让人无所措手足。特别是对新手来说，一不小心忽略错误信息简直是家常便饭。就如书中的主人公——三澄，还没养成阅读错误信息的习惯一样。

本书的目标之一是消除读者对代码错误的抵触情绪，帮助读者和代码错误成为朋友。因此，第 1 章将围绕“为什么抵触错误信息”“为什么错误信息容易被忽略”等问题展开讨论。通过阅读第 1 章，读者除了能对错误信息有系统的认识，还能了解编程时易出错的地方，从而克服这些弱点。

首先，与错误信息成为朋友，领会错误信息带给我们的“提示”。

1.1 学习如何阅读错误信息

我们在深入思考前，先来看一个具体的示例（见代码 1.1）。这段简单的 JavaScript 代码是将字符串 `Alice` 赋值给变量 `nickname`，然后调用 `console.log` 函数，输出变量 `nikname` 的值。不过，在运行这段代码时会发生错误。

代码 1.1

```
const nickname = 'Alice';
console.log(nikname);
```

我们需要运行代码才能看到代码发生错误。有很多种方法可以运行 JavaScript 代码，其中最简单的是在浏览器的开发人员工具中运行并检查代码。

常见的网页浏览器，如火狐浏览器、谷歌 Chrome 浏览器、微软 Edge 浏览器等，内置了开发人员工具。以较新的 Windows 操作系统中自带的微软 Edge 浏览器为例，点击页面右上角的“…”，然后点击“更多工具”子菜单中的“开发人员工具”，打开开发人员工具，如图 1.1 所示。

在开发人员工具中，有一个名为“控制台”的选项卡，点击该选项卡，就能输入 JavaScript 代码，如图 1.2 所示。在控制台中，按下键盘上的 Enter 键会立即运行输入的代码。此外，同时按下 Shift 键和 Enter 键，可以换行。

将代码 1.1 输入到“控制台”中，然后按下 Enter 键。代码运行时出现了错误，错误信息以浅红色背景显示在代码下方，如图 1.3 所示。

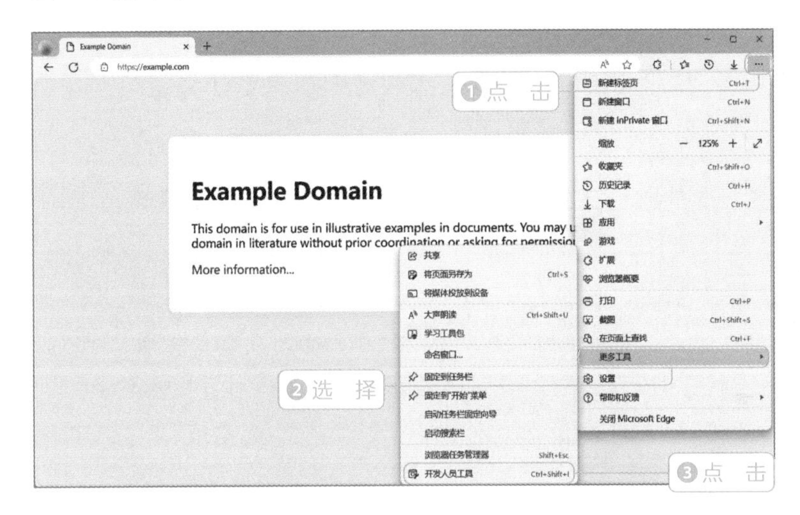

图 1.1 打开开发人员工具

图 1.2 在“控制台”中输入代码

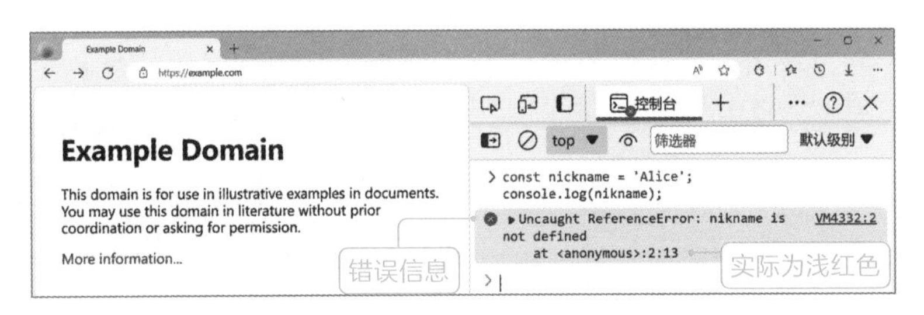

图 1.3 代码的运行结果

啊！出现错误了！

那么，我们如何根据错误信息判断代码出了什么问题？我们来看一下错误信息中的这句话——niknаme is not defined。

这句话翻译过来是“nikname 未被定义”。此时你可能会想：“这不可能呀！我明明已经定义了……”

但是，我们仔细看一下代码 1.1。第 1 行定义了变量 nickname，而第 2 行中的变量名为 nikname，漏了字母“c”。正如错误信息所示，发生错误的原因是“nikname 未被定义”。我们为第 2 行中的 nikname 补上字母“c”，就完成了对这个错误的修正（见代码 1.2）。

代码 1.2

```
const nickname = 'Alice';
console.log(nickname);
```

补上字母“c”即可修正错误

以这种方式阅读错误信息，有助于找出难以一眼发现的错误。

当然，这个示例属于“一眼就能发现”的简单示例，不需要仔细阅读错误信息也可以找到原因，解决问题。但是，在实际开发程序的过程中有很多复杂的情况，因此通过阅读错误信息找出错误原因十分重要。

出现错误时，要冷静下来阅读错误信息。

在接下来的 1.2 节中，我们会解释为什么阅读错误信息其实不是一件容易的事情。一旦我们了解了不擅长做某件事的原因，萦绕在我们心头的抵触情绪就会消散，进而会发现克服弱点的突破口。

另外，在上面的示例中，我们并未详细分析完整的错误信息。通过了解错误信息的组成部分，即使在复杂的情况中，我们也可以找出错误原因。我们将在第2章详细讲解错误信息的组成部分。

1.2

错误信息难以阅读的原因

对刚开始学习编程的人而言，可能存在“错误信息很难理解”这样的印象。

有这种印象的原因之一可能是错误信息是用英文表述的。对擅长英语的人来说，这似乎是微不足道的事情，但对大多数不擅长英语的人来说，语言上的壁垒是错误信息难以阅读的主要原因。

我们以代码 1.1 为例，假如错误信息不是 `nikname is not defined` 而是“nikname 未被定义”。相信许多人一眼就能明白是什么意思，并且会觉得更亲切一些。

我们可以把错误信息难以阅读的原因归纳为以下三点。

1. 错误信息是用英文表述的。

2. 错误信息冗长。

3. 即使阅读了错误信息，也无法理解错误原因，即无法从错误信息中找到根本原因。

大家在看到这三点原因时有什么想法吗？接下来，本节将逐一深入讲解这三点原因。知道原因后，就可以对症下药了，让阅读错误信息变得容易些。

1.2.1 错误信息是用英文表述的

我们往往会因为错误信息是用英语表述的，而忽略其中的一些信息。然而，不能因为英语不好就浪费错误信息给我们的宝贵反馈。对不擅长英语的人来说，借助翻译工具是一个好办法。

道理我都懂，但我英语是真的不好……

我们再来看一个示例（见代码 1.3）。这段代码看上去和代码 1.1 非常相似，而且运行这段代码也会出现错误（见图 1.4）。你知道为什么会出现错误吗?

代码 1.3

```
const nickname = 'Alice';
console.Iog(nickname);
```

```
> const nickname = 'Alice';
  console.Iog(nickname);
● ▶Uncaught TypeError: console.Iog is not a          VM84:2
  function
      at <anonymous>:2:9
```

图 1.4　运行代码 1.3 出现的错误信息

这次 nickname 没有拼写错误呀……

错误信息中的主要信息如下。

代码 1.3 错误信息中的主要信息

```
console.Iog is not a function
```

这条消息告诉我们“console.Iog 不是一个函数”。仔细观察 console.Iog 中的 Iog，这里把原本的小写字母“l”写成了大写字母“I”。我们把字母“I”改成“l”，就修正了这个错误。

单词拼写错误确实时常发生。

由上述示例可见，通过阅读错误信息，可以快速找到错误的原因。像示例中的拼写错误，其实不看错误信息，仔细阅读代码也能找到。不过这是在代码量较小的情况下而言的，一旦代码量增加到一定规模，光靠肉眼来找出错误会非常困难，相比阅读错误信息要付出更多的时间和精力。

■ 只需掌握基本的英语知识就够了

哪怕英语实在不好，必须借助翻译工具才能阅读错误信息，也要养成阅读错误信息的习惯。这是十分重要的。我们可以循序渐进地掌握一些与错误信息有关的英语知识。

达到熟练使用英语进行日常对话的程度是个颇具挑战性的目标。针对错误信息，只要能理解其中一些关键词就够了，这并非难以实现的目标。错误信息的句式相对固定，并且使用的单词相对有限。即使是对英语不甚熟悉的人，只要掌握了基础的语法和一些关键词，也能轻松阅读错误信息。

接下来，我们看一些具体的错误信息。我们在了解每个语句的语法和单词的同时，也了解下针对错误信息的具体表达形式。

错误信息中的英语写法①

```
× is not defined
```

翻译　× 未被定义

这个语句很简单。如果知道“define”的意思是“定义”，那么翻译起来就不难。“is not defined”的形式是“be动词+not（否定）+过去分词”，属于否定形式的被动语态，所以这句话的意思是“未被定义”。诸如此类的错误信息多是短句，可以借助基本语法和关键词来理解它们。

此外，在错误信息中的英语写法①中，语句保留了主语“×”和谓语“is”。一般来说，阅读英语的关键是理解句子的主语和谓语。我们再来看一些错误信息。

- × is not a function
  翻译：× 不是函数
- × is not iterable
  翻译：× 不可迭代
- Function statements require a function name
  翻译：函数语句需要函数名称

上述错误信息都没有涉及很难的英语语法，但都使用了编程术语（在编程中具有特定含义单词）。有些人可能会觉得这些单词不太好懂，我们稍后会列举出更多这样的单词并解释它们的含义。现在，让我们先回到语法上来，了解更多的英语写法和翻译规律。

■ 省略主语的情形

刚才讲到，阅读英语的技巧之一是理解主语和谓语。但实际上，错误信息中有时会省略主语。我们来看一个示例。

错误信息中的英语写法②

```
Cannot read properties of null
```

翻译 无法读取null（空）的属性

这句话的谓语是“Cannot read（无法读取）”。那么问题来了，主语是什么？在大多数情况中，错误信息的主语是“程序”。因此，上述示例可以将“The program（程序）”作为主语代入错误信息——`The program cannot read properties of null`——翻译为“程序无法读取 null 的属性”。

在错误信息中，如果主语明显是指程序或计算机，则通常会被省略。这是与错误信息有关的英语语句的一个特征，不妨记住这一点。

以下是省略主语的错误信息的示例。

- `Cannot set properties of null`
  翻译：无法设置 `null` 的属性
- `Cannot use 'in' operator`
  翻译：无法使用 `in` 运算符

■ 简化表达形式的情形

有些错误信息的表达形式更加简洁，找不到主语和谓语，比如下面的示例。

错误信息中的英语写法③

```
Invalid array length
```

翻 译　非法的数组长度

这条错误信息将形容词“Invalid（非法的）”和名词“array length（数组长度）”组合在一起，形成一个类似汉语中偏正结构的名词短语。这种缺少主语和谓语的写法阅读起来似乎有点生硬，但对于表达错误信息已经足够了。“非法的数组长度”可以被理解为“你正在使用非法的数组长度，程序无法运行”。

以下是简化表达形式的错误信息的示例。

- `Unexpected token '['`
  翻译：意料之外的记号 '['
- `Missing ) after argument list`
  翻译 1：参数列表后缺少“)”
  翻译 2：参数列表后没有“)”

■ 常用单词及编程术语

至此，我们已经认识了一些错误信息的具体示例。错误信息中涉及的英语语法其实并不难，难的是理解单词的含义。不过不用担心，错误信息中涉及的单词并不多。下面列出了一些错误信息中的常用单词（见表 1.1），供参考使用。

表 1.1 错误信息中的常用单词

常用单词	含 义
valid/invalid	合法的、有效的 / 非法的、无效的
expected/unexpected	意料之中的 / 意料之外的
defined/undefined	已被定义的 / 未被定义的
declared/undeclared	已被声明的 / 未被声明的
reference	引 用
require	需要、依赖
deprecated	过时的、被弃用的
expired	到期的、失效的
apply	适 用
deny	拒 绝
permission	许 可
range	范 围
missing	缺失，缺少

另外，如前文所述，除了一些常用单词，在错误信息中还有一些在计算机领域中有特定含义的单词（编程术语）。有时，单纯通过查字典来翻译这些单词，并不能准确理解它们的含义。下面列出了一些错误信息中的编程术语（见表 1.2），供参考使用。

表 1.2　编程术语

编程术语	含　义
function/argument	函数 / 参数
variable/constant	变量 / 常量
object/property/method	对象 / 属性 / 方法
expression/statement	表达式 / 语句
operator/operand	运算符、操作符 / 运算对象、操作数
token	记　号
initializer	初始化程序
mutable/immutable	可变的 / 不可变的
iteration/iterable	迭代 / 可迭代的
assignment	赋值、代入

对不擅长英语的人来说，一开始阅读错误信息会比较困难。不要心急，慢下来仔细阅读，养成阅读错误信息的习惯。

1.2.2　错误信息冗长

篇幅长的错误信息令人望而却步。比如下面的示例，有的人可能看了一眼就打退堂鼓了。

篇幅长的错误信息示例

```
ReferenceError: nickname is not defined
    at fn3 (/Users/misumi/section-1/app.js:14:3)
    at fn2 (/Users/misumi/section-1/app.js:10:3)
```

```
    at fn1 (/Users/misumi/section-1/app.js:6:3)
    at /Users/misumi/section-1/app.js:18:16
    at Layer.handle [as handle_request] (/Users/misumi/section-1/node_modules/express/lib/router/layer.js:95:5)
    at next (/Users/misumi/section-1/node_modules/express/lib/router/route.js:144:13)
    at Route.dispatch (/Users/misumi/section-1/node_modules/express/lib/router/route.js:114:3)
    at Layer.handle [as handle_request] (/Users/misumi/section-1/node_modules/express/lib/router/layer.js:95:5)
    at /Users/misumi/section-1/node_modules/express/lib/router/index.js:284:15
    at Function.process_params (/Users/misumi/section-1/node_modules/express/lib/router/index.js:346:12)
```

实在是太长了！

如果必须阅读全部的错误信息才能明白错误原因，那无疑是太痛苦了。幸运的是，我们并不需要这样做。在大多数情况下，篇幅长的错误信息里只有几行内容需要仔细阅读。

错误信息一般由三部分组成，如图 1.5 所示。我们将在第 2

错误类别　错误描述　堆栈跟踪

```
ReferenceError: nickname is not defined
    at fn3 (/Users/misumi/section-1/app.js:14:3)
    at fn2 (/Users/misumi/section-1/app.js:10:3)
    at fn1 (/Users/misumi/section-1/app.js:6:3)
    at /Users/misumi/section-1/app.js:18:16
```

图 1.5　错误信息的组成部分

章的 2.1 节中详细讲解这三部分。只要知道这三部分的作用，我们就能明白应该仔细阅读哪些内容了。

在这个示例中，只要阅读下面列出的两行内容就够了。

需要阅读的内容

```
ReferenceError: nickname is not defined
at fn3 (/Users/misumi/section-1/app.js:14:3)
```

翻译（第一行）　引用错误：nickname 未被定义

我们如果盲目地阅读整个错误信息会被淹没在大量信息中。搞明白哪些是要点，会让错误信息的可读性大大提高。

要记住，不必阅读整个错误信息。

1.2.3　无法从错误信息中找到根本原因

无法从错误信息中找到根本原因可能是大家不太愿意阅读错误信息的核心原因。并不是阅读错误信息，就一定能立即找到原因并加以解决。有时候错误发生的位置和根本原因所在位置相差甚远。也有时候我们可能绞尽脑汁也无法解决问题。由于错误可能涉及多个领域，不排除有一些问题是依靠我们掌握的知识和技能无法解决的。相信大多数的程序员经历过“我看过有关这个错误信息的解读，但我不知道如何解决”的情况。

在反复经历这样的事情后，有些人对阅读错误信息产生了厌倦心理，进而不再阅读错误信息。诚然，如果无法通过阅读错误信息来解决问题，那我们就不愿再花费工夫阅读错误。

这种无法通过阅读错误信息解决问题的情况有很多种，我们用示例一一进行说明。

■ 错误发生的位置和根本原因所在位置相差甚远的情形

比如，运行代码 1.4，发现在函数内部发生了错误。

代码 1.4

```
function hello(user) {
    console.log(`你好，${user.nickname}先生/女士`);   ← 此处发生了错误
}
```

代码 1.4 的错误信息

```
Cannot read properties of null (reading 'nickname')
```

翻译 无法读取 null 的属性（尝试读取 nickname）

错误信息似乎是在告诉我们，程序在尝试读取 null 的 nickname 属性时出现了错误。而尝试读取 nickname 属性的代码是 ${user.nickname}。基于这些，我们能够初步确认错误是由 user 的值为 null 导致的。

那么问题来了，接下来该怎么做才能修正错误？事实上，虽然我们是在 hello() 函数内部发现的错误，但要修改的位置却不在 hello() 函数内部。因为 user 是作为参数传递给 hello() 函数的，所以真正要修改的位置在调用 hello() 函数的情形中，如图 1.6 所示。

错误的根本原因到底在哪儿呢？

如图 1.6 所示，如果 `hello()` 函数被多次调用，那么就要从这些调用了 `hello()` 函数的代码中找出错误发生的根本原因。如果不知道怎样有效地搜索代码，找到错误的根本原因会如同大海捞针，十分困难。

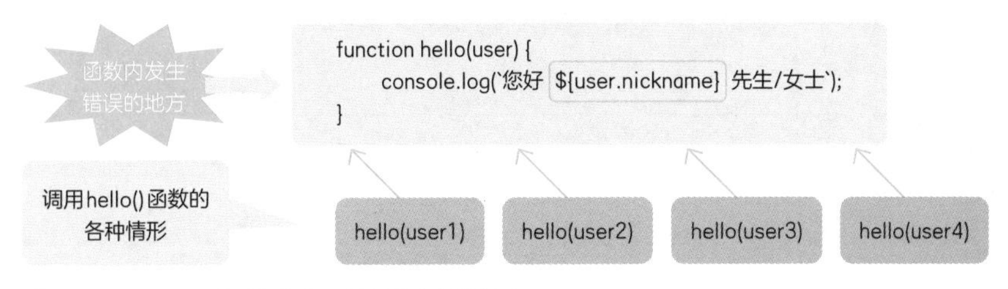

图 1.6 hello() 函数在各种情形中被调用

不过，不用担心。遇到上述情形，通过仔细阅读错误信息，我们是能够高效地找到根本原因所在位置的。我们将在第 2 章详细讲解阅读错误信息的方法。

■ 错误发生在库中的情形

程序员在编写程序时，不可避免地会用到来自外部的库。库是包含一系列实用功能的代码集合。在开展一定规模的程序开发工作时，调用他人编写的库是很常见的。然而，如果错误发生在库中，那么找到错误的根本原因就变得十分困难，如图 1.7 所示。

如果错误发生在我们自己编写的代码中，会很容易找到原因，毕竟我们比较了解这些代码；如果错误发生在他人编写的库中，尤其是代码文件较多的库，找到原因的难度会直线上升。

我们来看一个示例。下面是一段用 JavaScript 语言编写的连接数据库的示例代码（见代码 1.5），以及它的错误信息。

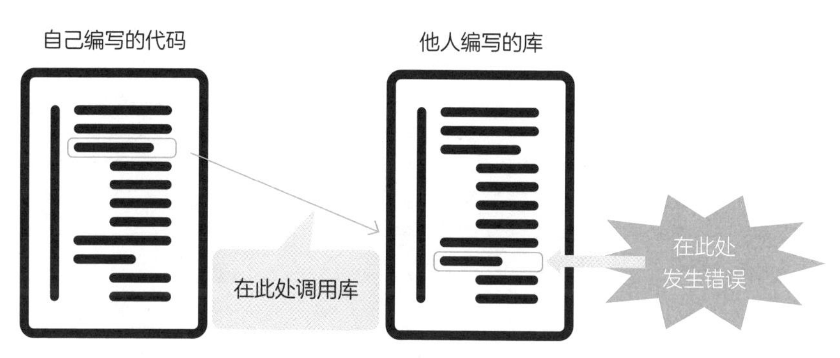

图 1.7 错误发生在库中的情形

代码 1.5

```
const { Client } = require("pg");
const client = new Client({
    user: "alice",
    password: "password",
    database: "myDb",
});
const connectClient = async () => {
    await client.connect();
};
connectClient();
```

代码 1.5 的错误信息

```
error: password authentication failed for user "alice"
    at Parser.parseErrorMessage (/Users/misumi/project/
node_modules/pg-protocol/dist/parser.js:287:98)
    at Parser.handlePacket (/Users/misumi/project/node_
modules/pg-protocol/dist/parser.js:126:29)
    at Parser.parse (/Users/misumi/project/node_modules/
```

```
pg-protocol/dist/parser.js:39:38)
    at Socket.<anonymous> (/Users/misumi/project/node_
modules/pg-protocol/dist/index.js:11:42)
    at Socket.emit (node:events:513:28)
    at addChunk (node:internal/streams/readable:324:12)
    at readableAddChunk (node:internal/streams/
readable:297:9)
    at Readable.push (node:internal/streams/readable:234:10)
    at TCP.onStreamRead (node:internal/stream_base_
commons:190:23)
```

你能根据错误信息确定错误发生的原因吗？这对经验丰富的程序员来说，不在话下，但对经验不足、不了解数据库开发原理的人来说，就没那么简单了。

事实上，错误信息中没有任何地方指出错误是源于代码 1.5 的哪个部分。通过错误信息的第二行，我们可以找到最终出现错误的地方是在“/Users/misumi/project/node_modules/pg-protocol/dist/parser.js”中。文件名指向了代码所调用的库中的一个文件。那难道是库代码写错了？其实也不是。这个错误的根本原因是，连接数据库使用的用户名和密码不正确。

这么复杂的错误……

随着程序开发规模的扩大，使用外部的库和工具已经成为必然的选择。为了解决与代码 1.5 类似的问题，程序员需要积累丰富的知识。

比如代码 1.5 的核心错误信息为 password authentication

`failed for user "alice"`（翻译：用户 alice 的密码认证失败），如果不知道“需要用户名和密码才能连接数据库”，就不能理解此信息。因此，在实际使用库时，程序员要了解更多的知识才行。

无论是新手程序员还是经验丰富的程序员，都会在编写程序的某个时刻遇到自己无法解决的难题。错误信息会提供一些与解决问题有关的提示。换个角度来看，遇到难以解决的错误是难得的学习机会。希望大家能以积极的态度面对代码错误。

没想到代码错误其实没那么可怕。

切记，错误信息是程序员的朋友。

1.3

为面对代码错误做好准备

1.3.1 放松心态

如果你打算成为程序员，就要做好和代码错误长期打交道的准备。如果你已经是程序员，那么“去阅读错误信息！”这句话，或许你已经多次听到别人提起。不论你是对调试感兴趣而接触本书，还是遇到了难以解决的问题想要从书中找到解决方法。如果是抱着“无论多么困难，我一定要把错误信息读下去”的心态面对代码错误，那么这种痛苦会始终得不到缓解。不妨换个思路，对自己这么说：“哪怕这个代码错误无法立即解决，但最起码给了我一点提示。”

在刚开始面对代码错误的时候，不要急于求成，要放松心态，养成阅读错误信息的习惯。正确阅读错误信息有助于快速解决简单的代码错误。虽然有些代码错误可能由于其复杂性和对特定领域的知识要求，即使我们仔细阅读了错误信息也无法立即解决，但是我们可以从中不断获取知识，扩大视野。

当发生代码错误时，我总是紧张应对。但实际上，要先放松心态。

1.3.2 难解决的代码错误是学习的机会

如果你遇到了无法仅通过阅读错误信息就可以解决的代码错

误，应当意识到这是一次宝贵的学习机会。在解决代码错误的过程中，不仅能学习编程语言，还能加深对数据库、HTTP 通信协议等知识的了解。特别是当问题涉及你尚未接触或缺乏经验的领域时，解决起来固然困难，但这个过程有助于促进你作为程序员的成长。

不过，学习新知识并非易事。人的时间和精力是有限的，特别是在忙碌的工作中，很难抽出时间学习。如果每次遇到难解决的代码错误，就要从头学习新的知识，确实不是一件容易的事。因此，在学习上，量力而行即可。

至少，保持一种“可以从错误信息中汲取新知识”的积极态度，能让调试代码变得轻松和有趣一些。

1.3.3 掌握阅读错误信息的技巧

作为编程多年的程序员，我们遇到过的代码错误数不胜数。这些代码错误的内容格式和种类是有限的。只要能仔细阅读错误信息，深入理解其含义，开发工作就会顺畅许多。相反，如果无视错误信息，盲目前行，将会陷入与更多代码错误斗争的困境，难以脱身。

错误信息是程序员高效调试代码的助手。如果在开发过程中遇到了任何错误，请仔细阅读错误信息，并结合在本书中学到的知识修正错误。当你能从容面对代码错误时，本书的编写目的也就达到了。

掌握阅读错误信息的技巧，有助于快速提高编程能力。

专栏

修正代码错误耗费的时间

根据一项关于开发人员生产力的调查[①]，修正代码错误所花费的时间约占工作时间的40%。当然，这个比例在不同项目中会因开发人员的经验和项目规模的不同存在很大差异。从我们的开发经验来看，这个数据比较真实。这个数据也反映了，阅读错误信息在程序员生产中占据很重要的地位。

① The Developer Coefficient: Software engineering efficiency and its $3 trillion impact on global GDP [EB/OL]. (2018-09-14) [2024-04-13]. https://stripe.com/files/reports/the-developer-coefficient.pdf.

第 2 章

高效阅读
错误信息的方法

三澄，
你最近打印了
好多纸啊。
你在干什么？

我在向你学习……
拿出……
认真阅读错误信息！

我还把所有重点
都做了标记！
未读
已读
我来教你一些
高效阅读错误信息的
方法吧……
哭笑不得啊……

在上一章中，我们分析了人们抵触错误信息的原因。本章，我们将聚焦错误信息本身，详细讲解错误信息的“组成部分”和“错误类别”。相比关注错误信息中的具体信息，当前更重要的是掌握错误信息的组成部分。当熟悉了错误信息的组成部分，我们便可以从中筛选出关键信息。即使面对内容较多的错误信息，只要我们能从中选出需要阅读的部分，那么阅读错误信息就不再是一件令人抵触的事了。进一步地，如果我们能辨别错误所属的类别，那解决它们会变得更容易些。

让我们通过本章的学习，掌握高效阅读错误信息的方法。

2.1

了解错误信息的组成部分

为了能够流畅地阅读错误信息，了解它们的组成部分十分重要。尽管在不同的编程语言环境中，错误信息的形式会有细微的差别，但组成部分大体是一致的。

错误信息的组成部分一般有以下三个。

1. 错误类别。

2. 错误描述。

3. 堆栈跟踪。

堆栈跟踪？以前没听说过……

稍后会解释它的！

图 2.1 ~ 图 2.3 分别是在 JavaScript、PHP 和 Python 编程语言环境中的错误信息[1]，图中已经标注了错误信息的组成部分。可以看出，在不同编程语言环境中，错误信息的组成部分是一致的，但位置不太一样。

---

[1] 图 2.1 和图 2.2 中，错误类别前均有“Uncaught（未被捕获的）”一词。这涉及程序设计中“异常处理”的概念。我们将在 5.2 节详细介绍这一概念。

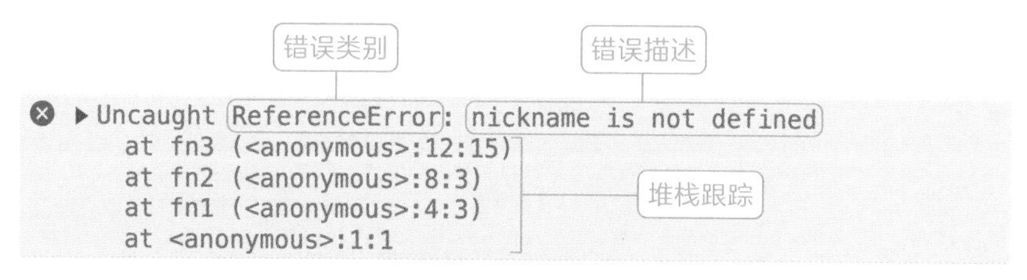

图 2.1 JavaScript 编程语言环境中的错误信息

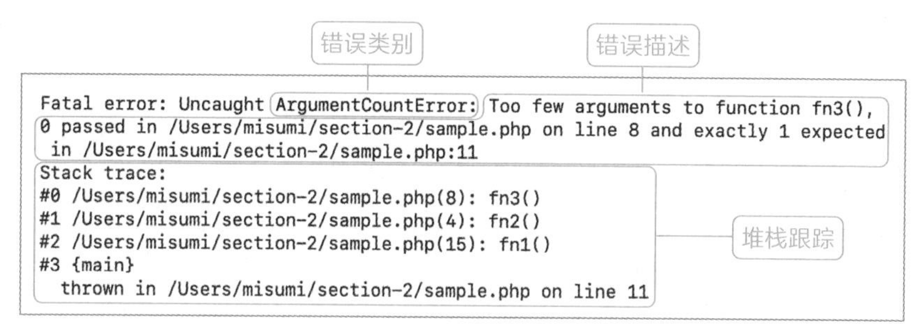

图 2.2 PHP 编程语言环境中的错误信息

```
Traceback (most recent call last):
  File "/Users/misumi/section-2/sample.py", line 10, in <module>
    fn1()
  File "/Users/misumi/section-2/sample.py", line 2, in fn1
    fn2()
  File "/Users/misumi/section-2/sample.py", line 5, in fn2
    fn3()
  File "/Users/misumi/section-2/sample.py", line 8, in fn3
    print(nickname)
NameError: name 'nickname' is not defined
```

堆栈跟踪

错误类别　　错误描述

图 2.3 Python 编程语言环境中的错误信息

2.1.1 错误类别

我们逐个查看错误信息中的每一个部分。首先来看“错误类别”（见图 2.4）。代码错误虽然多种多样，但是可以被归类为不同的类别，如 ReferenceError（见图 2.1）、ArgumentCountError（见

图 2.2）和 NameError（见图 2.3）等。这些类别的写法因编程语言而异，掌握它们就能对代码错误有一个大致的判断。

错误类别

```
⊗ ▶Uncaught ReferenceError: nickname is not defined
     at fn3 (sample.html:19:21)
     at fn2 (sample.html:16:9)
     at fn1 (sample.html:13:9)
     at sample.html:10:7
```

图 2.4　错误类别

例如，ReferenceError 为“引用错误”，它是程序在尝试引用不存在的变量时发生的错误。我们只要检查变量的定义是否正确。再比如，ArgumentCountError 为“参数个数错误”，它表示调用函数时使用的参数数量与函数定义的不一致。于是，只需对比定义函数的代码和调用该函数的代码即可。

这样，通过了解错误类别，可以判断发生的代码错误是什么样的，以及知道如何处理它们。

一旦了解了错误类别，无须额外调查就能搞定！

错误类别有很多，不必死记硬背，养成阅读错误信息的习惯，自然就会熟悉它们。

在 2.2 节中，我们将以 JavaScript 编程语言环境中的错误信息为例，详细讲解一些常见的错误类别。

2.1.2 错误描述

再来看“错误描述”（见图 2.5）。错误描述给出了错误的具体原因。

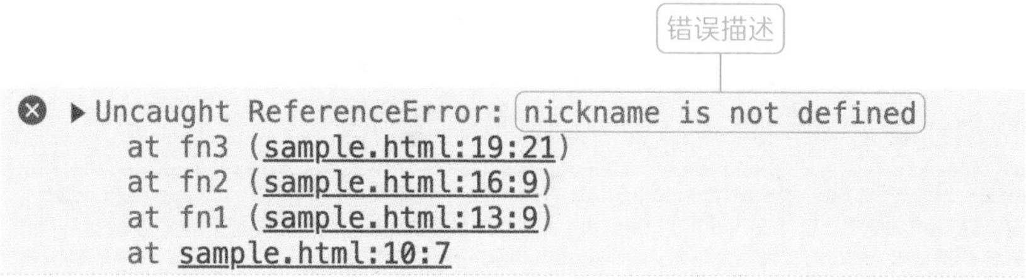

错误描述

```
⊗ ▶Uncaught ReferenceError: nickname is not defined
     at fn3 (sample.html:19:21)
     at fn2 (sample.html:16:9)
     at fn1 (sample.html:13:9)
     at sample.html:10:7
```

图 2.5 错误描述

如果错误描述是“× is not defined”的形式，那么我们可以知道“是 × 未被定义”。如果没有仔细阅读这一部分内容，我们将难以有针对性地解决问题。即使错误描述是用英文表述的，我们也需要克服困难仔细阅读，弄明白它的含义。我们已经在 1.2 节讨论过了，阅读用英文表述的错误描述其实并不复杂。刚开始接触这些错误描述，我们可能需要花一些时间理解词的含义。但一点点积累，我们会熟能生巧，在后续的开发工作中节省大量的时间。

在了解错误类别的基础上，阅读错误描述，我们会更容易理解其中的含义。

2.1.3 堆栈跟踪

最后来看“堆栈跟踪”（见图 2.6）。简单地说，堆栈跟踪记录了从程序开始到发生错误为止的函数调用序列（进程流的一部分）。对于初学者，堆栈跟踪是一个比较陌生的术语，但它对于修正代码错误起着很重要的作用。

```
▶Uncaught ReferenceError: nickname is not defined
    at fn3 (sample.html:19:21)
    at fn2 (sample.html:16:9)
    at fn1 (sample.html:13:9)
    at sample.html:10:7
```

堆栈跟踪

图 2.6　堆栈跟踪

有时，即使我们通过错误类别和错误描述大致了解了错误的原因，但如果无法找到发生错误的具体位置，我们也无法有效地修正错误。而堆栈跟踪为我们提供了这个关键的“位置”（见图 2.7）。

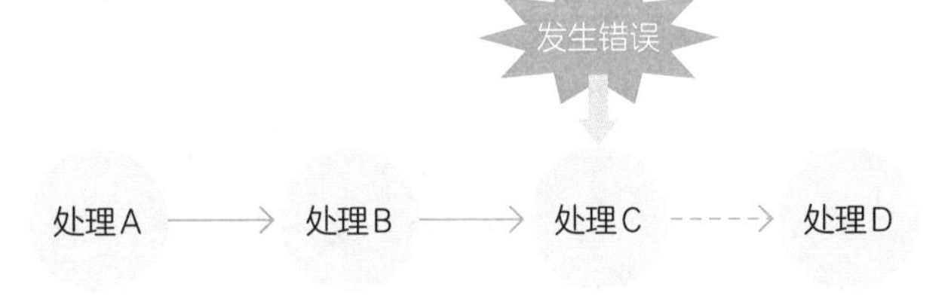

从程序开始到发生错误为止

堆栈跟踪记录了函数调用序列

图 2.7　堆栈跟踪示意图

■ 什么是堆栈跟踪

堆栈跟踪（stack trace）[①] 是用来展示程序中函数调用顺序的记录。其中，trace 译为踪迹、追踪、追溯；stack 译为堆栈，在计算机领域指一种遵循“后进先出”原则的数据结构。

如图 2.8 所示，程序首先调用 fn1() 函数，在其内部调用 fn2() 函数，以此类推。调用记录以从下往上的顺序显示在堆栈跟踪中。

---

① 在 Python 等编程语言中，用 traceback 或者 backtrace 表示 stack trace，有“回溯”的含义。

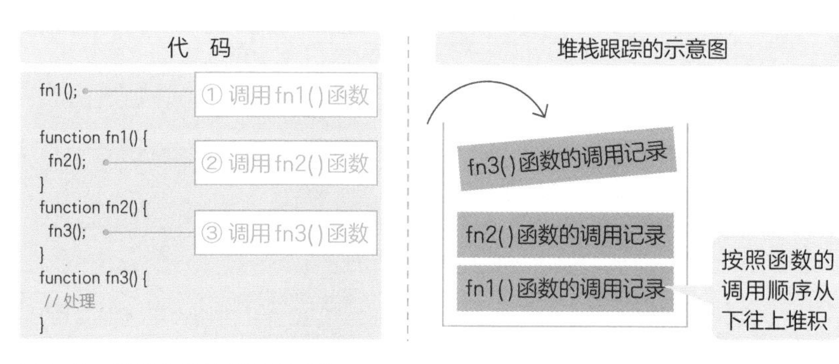

图 2.8 代码和堆栈跟踪示意图

这幅图显示了函数的调用顺序。

■ 堆栈跟踪的使用示例

接下来，我们通过一个示例演示如何使用堆栈跟踪找到发生错误的位置。以下是一段 HTML 文件的代码（见代码 2.1），其中 <script> 标签内部嵌入了 JavaScript 代码。代码定义了三个函数，分别为 fn1()、fn2() 和 fn3()，其中 fn3() 函数中存在一个代码错误。

代码 2.1

```
<!DOCTYPE html>
<html lang="zh">
  <head>
    <meta charset="UTF-8" />
    <title>Sample</title>
  </head>
  <body>
    <h1>Stack trace</h1>
```

```
    <script>
      fn1();

      function fn1() {
        fn2();
      }
      function fn2() {
        fn3();
      }
      function fn3() {
        console.log(nickname);
      }
    </script>
  </body>
</html>
```

为了运行代码 2.1，我们先将 HTML 文件保存到本地，然后用谷歌 Chrome、微软 Edge 等浏览器打开文件。此处，使用 1.1 节介绍的方法运行代码 2.1，开发人员工具的控制台中会显示如图 2.9 所示的错误信息。

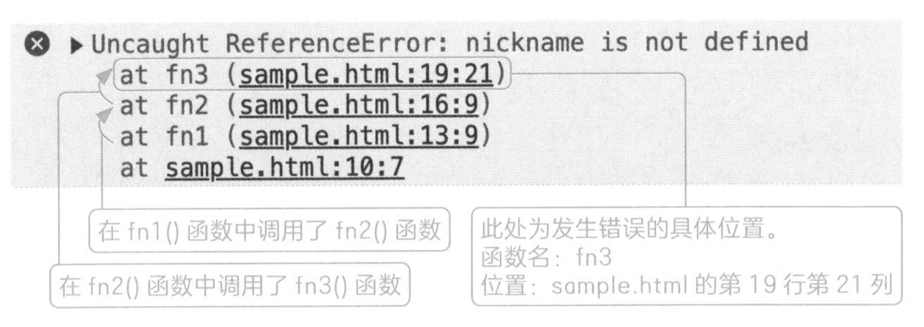

图 2.9　代码 2.1 的错误信息

堆栈跟踪的第 1 行，记录了发生错误的具体位置。其中，**fn3** 是函数名；**sample.html:19:21** 显示了发生错误的文件名，以及错误所在的行号和列号（从行首开始计算列号，包括空格），即代码 2.1 的错误发生在“sample.html”文件的第 19 行第 21 列。

堆栈跟踪的第 2 行和第 3 行分别记录了 **fn2()** 函数和 **fn1()** 函数的相关信息，结合代码 2.1，可以看出，在 **fn2()** 函数中调用了 **fn3()** 函数，具体位置是第 16 行第 9 列；在 **fn1()** 函数中调用了 **fn2()** 函数，具体位置是第 13 行第 9 列。在 JavaScript 编程语言环境中，函数的调用序列是以从下往上的顺序显示在堆栈跟踪中的，如图 2.10 所示。

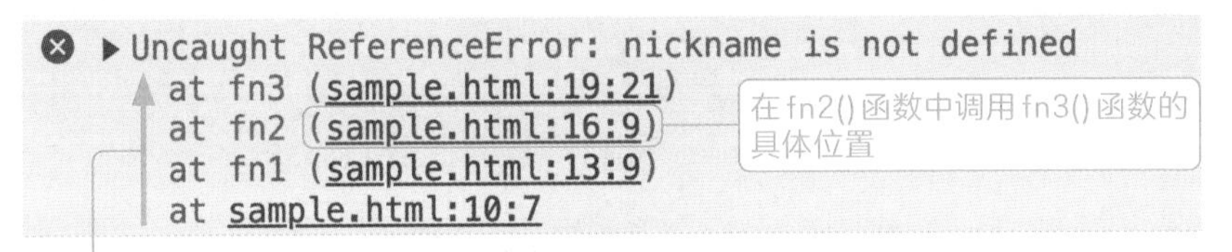

图 2.10　代码 2.1 的函数调用序列

■ 根据发生错误的位置修正错误

在了解了堆栈跟踪的作用后，我们学习如何根据其中的信息修正代码错误。

我们已经知道发生错误的具体位置了，从这里下手效率最高。如果能根据发生错误的具体位置找到错误原因，直接修正错误，就无须阅读堆栈跟踪中的其他信息了。

堆栈跟踪中的信息包括所运行的函数名、函数所在的文件名、调用的函数所在的行号和列号。我们回到上述示例。在堆栈跟踪中找到发生错误的具体位置信息，如图 2.11 所示。

```
⊗ ▶Uncaught ReferenceError: nickname is not defined
    at fn3 (sample.html:19:21)
    at fn2 (sample.html:16:9)
    at fn1 (sample.html:13:9)
    at sample.html:10:7
```

发生代码错误的具体位置

图 2.11　发生错误的具体位置信息

我们通过这个信息，可以知道错误发生在“sample.html”文件的第 19 行第 21 列。接下来，我们在文件中找到这个位置。

顺便提一句，许多代码编辑器有通过指定行号和列号进行快速跳转的功能。以比较流行的代码编辑器 Visual Studio Code 为例，依次点击菜单栏中的“Go（转到）”“Go to Line/Column（转到行 / 列）”菜单项，或按下快捷键 Ctrl+G，在弹出的输入框中输入“19:21”，即可看到光标移动到了第 19 行第 21 列（见图 2.12）。善用这些小技巧，有利于提高工作的效率。

从行首开始计算列号，包括空格，
一个空格计为一个字符。

第 19 行第 21 列是函数 console.log(nickname) 中参数 nickname 首字母“n”所在的位置。结合“错误描述”给的提示 nickname is not defined，我们浏览整个代码可以发现：确实没有定义一个名为 nickname 的变量。这样我们就找到了发生这个错误的根本原因。

正如 1.2 节讨论的，堆栈跟踪中的信息有时可能有数十行甚至更多，这对新手程序员来说是错误信息难以阅读的原因。因此，不要想着一开始就把所有信息都读了，而是从错误发生的具体位置开始读起，这样阅读堆栈跟踪是最高效的。

```
1   <!DOCTYPE html>
2   <html lang="ja">
3     <head>
4       <meta charset="UTF-8" />
5       <title>Sample</title>
6     </head>
7     <body>
8       <h1>Stack trace</h1>
9       <script>
10        fn1();
11
12        function fn1() {
13          fn2();
14        }
15        function fn2() {
16          fn3();
17        }
18        function fn3() {
19          console.log(nickname);
20        }
21      </script>
22    </body>
23  </html>
```


图 2.12　用 Visual Studio Code 查看发生错误的位置

不用把所有信息都读了，感觉轻松不少呢。

■ 无法仅根据发生错误的位置修正错误的示例

在有些情况下，找到发生错误的具体位置就可以确定错误的原因。但在大多数情况中，仅知道发生错误的位置还不够。以下是一段代码和它的错误信息（见图 2.13 和图 2.14）。

图 2.13　无法仅根据发生错误的位置修正错误的示例（代码片段）

```
▶Uncaught TypeError: Cannot read properties of null (reading 'nickname')
    at hello (index.html:15:35)
    at index.html:20:7
```

发生错误的位置是第 15 行第 32 列

图 2.14　无法仅根据发生错误的位置修正错误的示例（错误信息）

堆栈跟踪的第 1 行 at hello (index.html:15:32) 表明了发生错误的具体位置。根据错误描述 Cannot read properties of null (reading 'nickname')，可得知错误是由 user 的值为 null 引起的。要修正这个错误，必须处理传递给 hello() 函数的参数 user 为 null 的问题。

令人困扰的是代码中使用了 hello() 函数的地方有三处。如果不阅读堆栈跟踪，我们需要依次检查这三处代码。好在，堆栈跟踪能够帮我们直接定位问题所在。继续阅读堆栈跟踪的第 2 行（见图 2.15），其中的“20:7”帮我们定位到了代码的第 20 行第 7 列。此处调用了 hello() 函数（见图 2.16）且参数 user3 的值为 null。明白了这一点后，下一步便是通过查看 user3 的定义，修正代码错误。

```
⊗ ▶Uncaught TypeError: Cannot read properties of null (reading 'nickname')
    at hello (index.html:15:35)
    at index.html:20:7
```

在第 20 行调用 hello() 函数的位置找到发生错误的原因

图 2.15　查看堆栈跟踪的第 2 行

```
13
14    function hello(user) {
15      console.log(`您好 ${user.nickname} 先生/女士`);
16    }
17
18    hello(user1);
19    hello(user2);
20    hello(user3);
```

可以看到第 20 行就是导致错误发生的根本原因所在

图 2.16　错误原因所在的位置

专栏

堆栈跟踪中显示调用函数的顺序是否因语言而异?

在大多的编程语言环境中，堆栈跟踪是从下往上记录调用函数的。这意味着我们要从堆栈跟踪的第一行查找发生错误的位置。

当然也有从上到下记录调用函数的。比如，图 2.4 所示的错误信息如果显示在 Python 编程语言环境中，则会像下方给出的错误信息一样。不仅从上到下记录调用函数（堆栈追踪中的 most recent call last 提示了最近一次调用的函数位于最后），还把错误类别和错误描述放在了最下方。因此，在 Python 编程语言环境中查找错误原因时，应该从错误描述的最下方读起。

在 Python 编程语言环境中的错误信息

```
Traceback (most recent call last):
  File "/Users/misumi/sample.py", line 10, in <module>
    fn1()
  File "/Users/misumi/sample.py", line 8, in fn1
    fn2()
  File "/Users/misumi/sample.py", line 5, in fn2
    fn3()
  File "/Users/misumi/sample.py", line 2, in fn3
    print(nickname)
NameError: name 'nickname' is not defined
```

错误类别和错误描述在这个位置

2.2 了解错误类别

本节我们将主要以 JavaScript 编程语言环境为例，介绍一些常见的错误类别。通过错误类别，我们可以快速把握代码错误的大致情况，判断发生的代码错误的原因是什么，以及有针对性地处理它们。

尽管不同编程语言环境中的错误类别不同，但它们之间有很多共性。因此，本节的内容对学习 JavaScript 以外编程语言的读者也有一定的参考价值。

重要的是，要先知道代码错误有很多个类别，然后在错误类别的限定下有针对性地阅读错误信息。根据这个思路去阅读错误信息，会更容易理解它们。

本节将介绍的错误类别

- SyntaxError：语法错误。
  当代码的语法不符合规范时，会发生此类错误。
- ReferenceError：引用错误。
  当尝试引用不存在的变量或函数时，会发生此类错误。
- TypeError：类型错误。
  当对变量的值进行不当处理时，会发生此类错误。
- RangeError：范围错误。
  当试图向函数传递不可接受的数值范围的参数时，会发生此类错误。

2.2.1 SyntaxError

Syntax 译为“语法”，Error 译为“错误”。顾名思义，SyntaxError(语法错误)指的是由代码语法不符合规范引发的错误。

我们来看一段会引发语法错误的代码，以及它的错误信息。

引发 SyntaxError 的代码

```
function add[a, b] {     ←错误原因所在位置
  return a + b
}
```

引发 SyntaxError 的代码的错误信息

```
SyntaxError: Unexpected token '['
```

翻译 语法错误：意料之外的记号 '['

这段代码的目的是定义一个函数，但语法不符合规范。需要说明一下，token 译为“记号”，错误信息中的 token 一般指编程语言的最小语法单元，可以是标识符、运算符、分隔符等。原本在定义函数时，函数名后面应该使用圆括号，而这段代码中使用的是方括号。因此，错误信息提示了在预期出现“(”的地方出现了“[”。

这样看来，类别为 SyntaxError 的代码错误，是和代码拼写或语法有关的错误，一般不涉及程序逻辑问题。因此，发生这类错误时，应重点检查代码的拼写及语法。在实际开发程序的过程中，如 Visual Studio Code 等的代码编辑器，具有语法检查和拼写提示功能，能够在不运行代码的情况下帮助程序员发现并纠正错误。

2.2.2 ReferenceError

Reference 译为“引用”。例如，下面的代码试图在调用函数时使用一个不存在的变量，引发了 ReferenceError（引用错误）。

引发 ReferenceError 的代码①

```
let message = "调试代码很有趣";

function show Message() {
  console.log(mesage); ←错误原因所在位置
}
showMessage();
```

引发 ReferenceError 的代码①的错误信息

```
ReferenceError: mesage is not defined
```

翻译 引用错误：mesage 未被定义

错误信息为 mesage 未被定义。代码的第 4 行传递给 console.log() 函数的参数是 mesage。仔细观察，会发现 mesage 拼写有误，漏写了一个字母“s”。这导致传递给函数的参数不是我们已定义的变量，因此引发了 ReferenceError。注：这个示例里代码的写法符合语法规范，所以没有引发 SyntaxError。

我们再看一个示例。以下代码似乎已经定义了变量 message，并且调用函数时的拼写也是正确的，但仍然引发了 ReferenceError。

引发 ReferenceError 的代码②

```
if (true) {
  const message = "调试代码很有趣";
}

function showMessage() {
  console.log(message);   ← 错误原因所在位置
}
showMessage();
```

引发 ReferenceError 的代码②的错误信息

```
ReferenceError: message is not defined
```

翻译　引用错误：message 未被定义

的确，代码的第 2 行定义了变量 message。但它是在 if 语句内部定义的，作用域（有效范围，scope）仅限于 if 语句块内部（if 语句后用花括号括住的部分）。这种情况下，即使定义了变量，也无法在不同的作用域中引用它，如果进行引用，会引发 ReferenceError。

作用域是指可以引用变量和函数的范围。

2.2.3　TypeError

Type 译为“类型”。当使用不恰当的方法处理程序中的值时会引发 TypeError（类型错误）。例如，在 JavaScript 编程语言环境中，使用 length 属性可以获取字符串的长度。但如果使用 length 属性获取 null 的长度而不是字符串的长度，则会引发 TypeError。

引发 TypeError 的代码①

```
"hello".length   ← ❶ 返回字符串 hello 的长度值 5

null.length   ← ❷ 错误原因所在位置
```

引发 TypeError 的代码①的错误信息

```
TypeError: Cannot read properties of null (reading 'length')
```

null 不具有 length 属性，第二行代码以不恰当的方法处理 null。

像这种将只对字符串类型有效的处理方法用到 null 上导致的 TypeError，不仅在 JavaScript 编程语言环境中常见，在很多其他的编程语言环境中也很常见。为了防止这类问题的发生，有必要了解值的类型。

在 JavaScript 编程语言环境中，引发 TypeError 的原因还包括以下几种。

1. 试图给 const 语句中定义的变量赋值。

2. 将非函数值视作函数。

引发 TypeError 的代码②

```
const a = 1;
a = 2;   ← ❶ 试图给 const 语句中定义的变量赋值
```

```
const x = "hello";
x();
```

❷ 将非函数值视为函数

引发 TypeError 的代码②的错误信息

```
TypeError: Assignment to constant variable.
TypeError: x is not a function
```

❶ 处的错误

❷ 处的错误

2.2.4 RangeError

Range 译为“范围”。我们来看一个具体的示例。以下是一段创建数组的代码，以及它的错误信息，其中错误类别是 RangeError（范围错误）。

引发 RangeError 的代码

```
const arr = new Array(-1);
```

引发 RangeError 的代码的错误信息

```
RangeError: Invalid array length
```

翻译 范围错误：无效的数组长度

在 JavaScript 语言中，除了可以用具体的数组表达式（如 `[1, 2, 3]`）创建数组，还可以用构造函数 `new Array()` 创建数组。如果参数是非负整数[1]，构造函数会把这个参数当作数组的长

[1] 更准确地，构造函数 `new Array()` 中参数的有效取值（整数）范围为 $0 \sim 2^{32}-1$。

度，创建相应长度的数组。在上面的代码中，向构造函数传递的参数 -1 不是有效的数组长度，所以引发了 RangeError。

如上所述，当把超出允许范围的值作为参数传递时，会引发 RangeError。遇到这类错误，要先检查参数值。

2.2.5 其他编程语言环境中的错误类别

在本节末尾，我们将其他编程语言环境中的错误类别总结如下。我们可以看到，有一些错误类别和本节介绍的四个类别非常相近。

■ PHP 编程语言环境中的错误类别

- ParseError：PHP 编程语言环境中的语法错误。
- TypeError：函数的参数或返回值的类型与预期不匹配引发的错误。
- ValueError：函数接收到超出有效范围的参数值引发的错误。

■ Ruby 编程语言环境中的错误类别

- SyntaxError：Ruby 编程语言环境中的语法错误。
- NoMethodError：调用不存在的方法引发的错误。
- ArgumentError：函数的参数个数或格式与预期不匹配引发的错误。
- RuntimeError：代码运行时引发的错误的默认类型，错误信息由用户定义。
- NameError：引用未初始化的常量或未定义的方法名称引发的错误。
- TypeError：对象类型与预期不匹配引发的错误。

■ Python 编程语言环境中的错误类别

- AttributeError：引用属性或赋值失败引发的错误。
- ImportError：使用 import 语句加载模块失败引发的错误。
- IndexError：访问 Python 列表时下标超出范围引发的错误。
- KeyError：访问 Python 字典时使用了不存在的键引发的错误。
- TypeError：运算或函数调用的对象类型不匹配引发的错误。
- ValueError：运算或函数的对象类型匹配但参数的值不正确引发的错误。

■ 知道错误类别，就更容易判断代码错误的原因和找到对策

如上所述，一旦知道错误类别，我们就可以更轻松地判断发生代码错误的根本原因，从而对症下药。需要指出的是，以上介绍的错误类别并未穷尽 JavaScript 编程语言环境或其他编程语言环境中的所有错误类别。我们也没有必要把所有错误类别全部记下来，只要每次遇到代码错误时能够积累一些经验就足够了。

如果出现相同的错误，就运用积累的经验来解决它！

第 3 章

如何高效排查故障

即使读了错误信息，
我也找不到
错误原因……

这可能是……

第二天

这是……什么？！
KEEP OUT

前辈！
现在还不能进来！
啊
惊吓

发生了一个灵异的
代码错误，我正在
修正它！
我不认为这
是什么灵异现象
导致的错误……

在前两章中，我们已经了解了阅读错误信息的重要性，并学习了阅读错误信息的方法。在第 3 章中，我们将进一步了解“调试”，它是识别故障、找出故障原因、解决故障等一系列工作的过程。

到目前为止，我们所介绍的阅读错误信息的行为，其实就是调试的一部分。然而，在程序开发工作中，我们难免会遇到一些情形——即使阅读了错误信息，也无法确定错误原因，或是代码没有按照预期运行，但没有任何错误信息。

我们将在本章讲解如何在这些情形下高效地找到故障原因。最重要的是，不要盲目地寻找故障原因，而要观察代码的运行状态，并运用有效的方法找到故障原因。

3.1

什么是调试

在程序开发中，“调试”是识别故障、找出故障原因、解决故障等一系列工作的过程。“调试”的英文为“debug”。其中，“bug（虫子）”指程序开发过程中发生的故障（包含有错误信息的代码错误，以及代码不按预期运行等的情况）；而英文单词前缀“de-”，有“去除”的含义。因此，“调试（debug）”的字面含义为“去除故障”。

程序开发工作中，程序员的绝大多数时间是花在调试上的。也许大家有过这样的经历：想要实现某一功能，但代码并未按照预期运行，导致在计算机前面花费了大量时间却一无所获。掌握调试技巧对提高编程效率有很大帮助，良好的调试能力可以显著提高程序开发的速度和质量。

对刚刚接触编程的人来说，调试可能是既困难又枯燥的过程。然而，掌握了调试技巧，可能会感受到类似寻宝或解谜的乐趣。此外，不断调试也会让我们自然而然地加深对代码的理解。让我们一边享受一边挑战调试吧！

为什么故障与“虫子”有关？

“bug”直译为“虫子”。为什么程序开发中将“bug”用作“故障”的代名词？在计算机领域有这样一个典故——1947 年，美国计算机工程师格雷丝·霍珀（Grace Hopper）在尝试修复计算机时，发现是一只飞蛾导致系统发生故障。不过，早在计算机被发明前，“bug”一词就已经被用来指代“故障”了。其用法可以追溯到 1873 年，美国发明家托马斯·埃尔瓦·爱迪生（Thomas Alva Edison）使用“bug”形容电气技术上的故障。

调试的流程如图 3.1 所示。

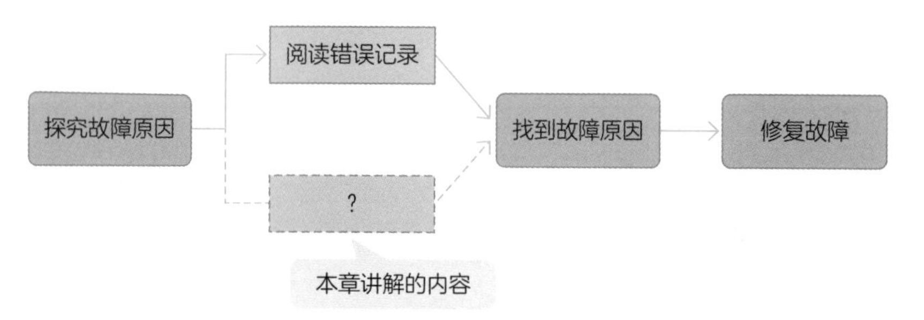

图 3.1　调试的流程

如果遇到没有错误信息的故障该怎么办？

一旦我们能够找出故障原因，调试也就基本完成了。正如我们在前两章中介绍的，通过阅读错误信息可以有效排查故障并找到故障原因。然而，有时没有出现错误信息，有时即便有错误信息我们也不太理解其具体含义。在这种情况下，我们可以通过“打印调试”的方法检查代码的运行状态，也可以通过“二分搜索”的方法缩小故障可能发生的范围。结合这两种方法，我们能高效地排查故障并找到故障原因。我们将在第 3 章和第 4 章详细介绍这两种方法。

感觉有点难。

没关系的！试试就会发现很容易。

3.2

打印调试

我们先来学习“打印调试（print debugging）”这一基础的调试方法。它不仅受新手程序员欢迎，也经常被经验丰富的程序员使用。打印调试中的“打印”指的是让程序输出一些内容，在调试中用于显示程序的状态。

每种编程语言都有用于输出变量的特定函数，其中，JavaScript 编程语言中的是 **console.log()** 函数。使用输出函数，我们可以通过检查每一部分变量的值来分析程序的状态，确定故障的位置。

我们来看一个在 JavaScript 编程语言环境中进行打印调试的示例（见代码 3.1）。该代码没有错误，在此仅作为示例，展示打印调试的一般用法。

代码 3.1

```
function calcSum(a, b) {
  console.log(`参数的值: a = ${a} / b = ${b}`);   ❶ 检查参数的值
  const sum = a + b;
  console.log(`处理结果: sum = ${sum}`);   ❷ 检查处理结果
  return sum;
}

const sum = calcSum(1, 2);
console.log(`函数的返回值: ${sum}`);   ❸ 检查函数的返回值
```

代码 3.1 创建并运行了一个名为 calcSum() 的函数。calcSum() 函数执行一个简单的加法运算——接受两个参数 a 和 b 并返回它们的和。为了检查该函数的处理过程是否正确，代码 3.1 中调用了三次 console.log() 函数，分别用于检查参数 a、b 的值，中间处理结果和函数的返回值。

代码 3.1 的运行结果

```
参数的值：a = 1 / b = 2
处理结果：sum = 3
函数的返回值：3
```

通过输出函数检查了整个程序的运行状态。

综上所述，打印调试的基本原理是通过输出特定位置的变量的值来检查程序的运行状态是否正常。

看到这里，你会不会产生“调试是一个无聊的过程”的想法？诚然，打印调试看起来简单且枯燥，但这个方法十分重要，即使是经验丰富的程序员也经常使用它。通过逐步检查程序的运行情况，我们可以及早发现并解决那些意想不到的故障。

有些新手程序员认为打印调试耗时且低效，所以偶尔发现故障只是单纯地看代码而不进行打印调试。然而，只看代码是很难解决故障的，因为人们对代码的运行结果并不总能准确地把握。使用打印调试等看似简单但可靠的方法，可以及早发现并解决故障。这样做实际上能够提高调试的效率。

3.2.1　使用打印调试解决故障的示例

接下来，我们通过一个示例了解如何使用打印调试发现并解决程序的故障（见代码 3.2）。

代码 3.2

```
function calcSum(array) {
  let sum = 0;
  for (let i = 0; i <= array.length; i++) {
    sum += array[i];
  }
  return sum;
}

const inputArray = [1, 2, 3, 4, 5];
const result = calcSum(inputArray);
```

执行 calcSum() 函数，预期的结果是对 inputArray 数组中的数字求和，也就是对 1、2、3、4、5 求和，返回值应是 15。但是，实际运行这段代码给出的结果是 NaN（not a number，不是数字）。在 JavaScript 编程语言中，NaN 是对非数值进行运算（如四则运算、函数计算等）时返回的值，表示未正确执行运算。这意味着这段代码中存在故障。

现在让我们思考一下如何调试这段代码。

首先使用打印调试来检查变量的值！

参考代码 3.1，对代码 3.2 进行打印调试（见代码 3.3）。具体做法是在代码 3.2 的关键位置加上 console.log() 函数，输出并检查变量的值。

代码 3.3

```
function calcSum(array) {
  console.log(`① array = ${array}`);    ← ❶检查参数中数组的值
  let sum = 0;
  for (let i = 0; i <= array.length; i++) {
    console.log(`② i = ${i} / array[i] = ${array[i]}`);    ← ❷检查 for 语句中变量的值
    sum += array[i];
  }
  console.log(`③ sum = ${sum}`);    ← ❸检查处理结果
  return sum;
}

const inputArray = [1, 2, 3, 4, 5];
const result = calcSum(inputArray);
console.log(`④ ${result}`);    ← ❹检查函数的返回值
```

运行以上代码得到的输出结果如下。

输出结果

```
① array = 1,2,3,4,5
② i = 0 / array[i] = 1
② i = 1 / array[i] = 2
② i = 2 / array[i] = 3
② i = 3 / array[i] = 4
② i = 4 / array[i] = 5
```

```
② i = 5 / array[i] = undefined      此处出现异常值
③ sum = NaN
④ NaN
```

从输出结果中可以很清楚地看出，运行过程中出现了一些异常。在标号为②的位置，也就是 for 语句中，当 i 的值为 5 时，array[i] 的值为 undefined。

在 JavaScript 编程语言中，undefined 不是数值，而是未定义的值，所以它无法和其他数值进行运算，因此返回的值为 NaN。

进一步观察输出结果，可以发现作为参数传递给函数的数组的元素数量为 5，但在标号为②的位置，console.log() 函数输出了 6 个值。此时我们需要检查 for 语句。for 语句中的条件表达式指定 i 从 0 开始且 i <= array.length，即 $0 \leqslant i \leqslant 5$，循环共执行了 6 次，比预期多了一次。这是新手程序员容易掉进的一个陷阱，因为常见的编程语言对数组设定的规则是首个元素的索引是 0 而不是 1。在代码 3.2 中，数组的最后一个元素的索引是 4 而在 for 语句的最后一次循环中，i 的值为 5，试图访问一个超出数组范围（不存在）的索引，因此返回了 undefined。此处需要指出的是，在 JavaScript 编程语言中，试图访问超出数组范围的索引，并不会像其他编程语言那样，直接报错，显示错误信息，而是返回 undefined。

为了解决这个故障，我们应该将 for 语句中的 i <= array.length 改为 i < array.length。这样程序就能正确地访问数组中的每一个元素，并对它们进行求和。

像这样，使用打印调试，通过检查变量、函数、条件表达式等的返回值寻找故障原因，看似枯燥但却有效，比对着代码干着急却找不到故障原因要强很多。

打印调试能够对数据的变化进行可视化展示。

3.2.2　跟踪代码路径排查故障

打印调试不仅用于检查变量的值，还用于追踪程序运行的代码路径。当程序未按照预期工作时，通过检查函数的调用情况，可以定位故障所在的位置。

例如，代码 3.4 在每个函数的开头和结尾使用了打印调试。

代码 3.4

```
function main() {
  console.log("main() 执行开始 ");
  func1();
  console.log("main() 执行结束 ");
}

function func1() {
  console.log("func1() 执行开始 ");
  func2();
  console.log("func1() 执行结束 ");
}

function func2() {
  console.log("func2() 执行开始 ");
```

```
  // 处理某项任务
  console.log("func2() 执行结束");
}

main();
```

这样一来，我们能够直观地了解调用函数的顺序。

当然你也许会认为“没有这么做的必要”。然而，在调试较为复杂的程序时，难以仅凭简单的假设来确定发生故障的原因。以上看似枯燥的操作，事实上能够帮助我们排除与故障无关的因素，引导我们找到难以确定的故障原因。

3.3 二分搜索

如果代码量少，像前两节的示例那样，我们可以直接使用打印调试找到代码故障的原因。但是，在实际的程序开发工作中，我们通常会面临规模较大、连接很多子系统或外部库的软件项目，这种项目的代码量极为巨大。在这种情形下，一旦代码出现故障，要在海量的代码中找到故障原因是极其耗时的。

面对这种情形，单纯使用打印调试就显得有些“捉襟见肘”了。此时，应该从代码的整体入手，通过逐步缩小范围的方法来找到故障原因。本章我们将了解如何使用二分搜索排查故障。二分搜索并非仅适用于调试，在任何需要排查问题的情形下，它都是一种可靠的方法。接下来，我们了解一下二分搜索的概念。

3.3.1 什么是二分搜索

二分搜索（binary search）是一种在有序序列中快速查找特定值位置的高效方法。我们用一个示例解释二分搜索的工作原理。如图 3.2 所示，假设有 7 张写有数字的卡片，数字面朝下放置，

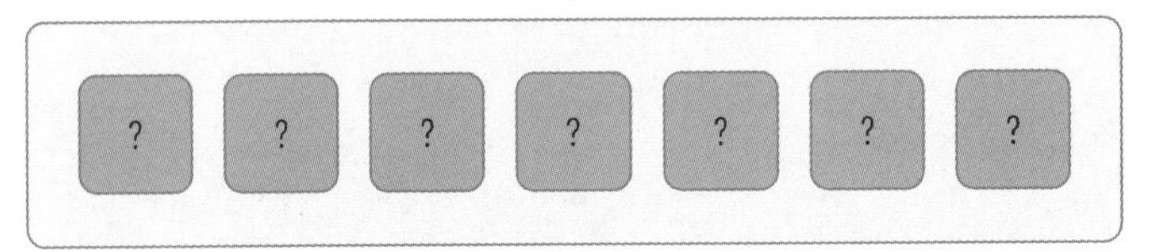

图 3.2　7 张写有数字的卡片，数字面朝下放置

并且这些卡片已经按照数值从小到大的顺序预先排列好。如果已知其中一张卡片上的数字是 30，要求在不利的情形下，以尽量少的次数翻开卡片找到它，我们该如何做呢？

从左到右依次翻开可以吗？

如果仅要求找到写有 30 的卡片，那么使用从左到右依次翻开的方法就可以了。但是这种方法显然效率不高，在最不利的情形下，即写着数字 30 的卡片恰好位于最右边，我们必须翻开所有卡片，才能找到它。同样地，采用随机翻开卡片的方法，其效率也难以令人满意。

我们来看如何在不利的情形下，高效地找到写有 30 的卡片。方法的关键在于充分利用“卡片已经按照数值从小到大的顺序预先排列好”这一条件。首先翻开位于正中央的卡片，在本例中为从左数第四张卡片（见图 3.3）。

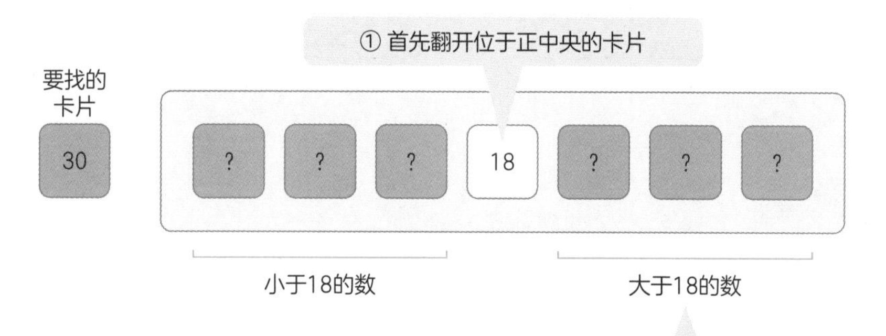

图 3.3　首先翻开位于正中央的卡片

假设翻开的卡片上的数字是18。这张卡片自然地将剩余卡片分为两组：左侧组卡片上的数字均小于18，而右侧组卡片上的数字均大于18。由此，我们可以确定，写着数字30的卡片必然位于右侧组中。

通过这样的方式，我们避免了无谓地逐张翻阅卡片，而是仅通过翻开正中央的卡片，就将搜索范围减半。重复这样的操作，翻开右侧组中正中央的卡片，我们就能高效地找到想要的卡片（见图3.4）。

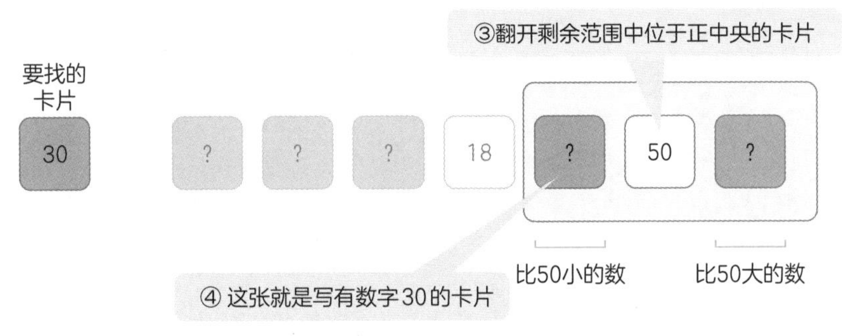

图3.4 再翻开剩余范围（右侧组）中位于正中央的卡片

二分搜索名副其实，通过不断将搜索范围一分为二的方法，实现了高效搜索。

方法的关键是将搜索范围对半分啊。

3.3.2 二分搜索与打印调试相结合

我们将二分搜索的工作原理用于调试。当然，代码中并没有“写有数字的卡片”，也没有按从小到大的顺序排列什么。然而，计算机系统在执行程序时，遵循“从输入（INPUT）到输出（OUTPUT）”的规则（见图3.5）。换句话说，计算机系统中程序的执行是有顺序的。类比前文将卡片作为查找对象，我们这里将程序的每一个处理步骤作为查找对象，进行二分搜索。

INPUT ⟶ 处理A 处理B 处理C 处理D 处理E ⟶ OUTPUT

图3.5 “从输入（INPUT）到输出（OUTPUT）”的规则

如此一来，我们无须在代码的各个位置进行打印调试，而是聚焦我们认为可疑的代码段，使用二分搜索的方法，选择代码段的中间位置进行打印调试，缩小搜索范围。当然，如果代码中有明显可疑的位置，则可以直接在那个位置进行打印调试。

我们来看一个“用于计算门票价格的函数”的示例。假设某个景点的门票价格规则如下。

1. 未满18岁的游客购买儿童票，票价为15元。

2. 已满18岁的游客购买成人票，票价为20元。

3. 每张票可使用一张优惠券抵扣5元。

代码3.5实现了根据以上规则计算门票价格的功能。但这段代码运行时会出现故障。

代码 3.5

```
function ticketPrice(age, useCoupon)
{
  let price;
  if (age < 18) {
    price = 15;
  } else {
    price = 20;
```

```
  }

  if (useCoupon = true) {
    price = price - 5;
  }

  return price;
}
```

我们来验证一下这段代码的运行情况。假设游客的年龄为 18 岁，不使用优惠券。如下，将这些条件作为参数代入函数进行计算。那么，返回的结果应该是多少？

```
ticketPrice(18, false);
```

已满 18 岁应该购买成人票，不使用优惠券的话，应该是 20 元。

但是，返回的结果是 15。这和票价规则不符。说明某个位置出现了代码错误，此处可以认为是函数内部的故障。

运行结果

```
15
```

预期返回成人票价 20 元，但现在返回的是 15 元。可以推测，函数内部处理“判断年龄是否满 18 岁”和“判断是否使用优惠券”的逻辑中，至少有一部分发生了故障。当故障可能发生在多个位置时，二分搜索就能派上用场了。为了精确定位故障所在，我们可以使用二分搜索和打印调试相结合的方法调试代码。

二分搜索的关键在于找到一个中间的位置，以此将搜索范围一分为二。显然，代码 3.5 中的功能可以从逻辑上分为“年龄判断”和“优惠券使用判断”两部分。如图 3.6 所示，根据二分搜索的工作原理，我们在这两部分之间进行打印调试（见代码 3.6）。

图 3.6　进行打印调试的位置

代码 3.6

```
function ticketPrice(age, useCoupon)
{
  let price;
  if (age < 18) {
    price = 15;
  } else {
    price = 20;
  }

  console.log(`中间结果: ${price}`);   ←追　加

  if (useCoupon = true) {
    price = price - 5;
  }
```

```
  return price;
}
```

如下，将之前的参数带入 ticketPrice() 函数进行计算。

```
ticketPrice(18, false);
```

得到以下运行结果。

运行结果

```
中间结果：20
15
```

在年龄判断部分后进行打印调试，输出此时变量 price 的值，即中间结果。根据中间结果为 20，可以确认此部分的代码是正确的，如图 3.7 所示。

图 3.7 确认年龄判断部分的代码是正确的

根据二分搜索的工作原理，我们已经确认年龄判断部分的代码是正确的，那么故障发生在优惠券使用判断部分的代码中。仔细检查优惠券使用判断部分的代码，在 if 语句中，本该使用比较运算符“==”的位置，使用了赋值运算符“=”。

故障所在的位置

```
if (useCoupon = true) {    正确的写法是useCoupon == true
  price = price - 5;
}
```

因为使用的是赋值运算符，所以无论带入 ticketPrice() 函数的 useCoupon 参数是什么值，都将执行优惠券抵扣操作。

以上调试展示了使用二分搜索和代码调试将代码一分为二并且找到故障位置的过程。为了便于理解，使用了代码量较少的示例。这可能并未充分体现使用二分搜索的优势。不过，在程序开发中，理解并灵活运用二分搜索，对于提高调试代码的效率很有帮助。

3.3.3 确定引发代码错误的真正位置

阅读错误信息，我们可以定位发生代码错误的位置，但在尝试修复代码时，可能根本找不到错误原因。此时可以使用二分搜索定位引发错误的真正位置。

例如，将代码 3.7 保存为 syntax_error.html 文件，并在浏览器打开它，控制台就会出现错误信息。

代码 3.7

```
<script>
  for (let i = 1; i < 10; i++) {
    console.log(`${i}是`);
    if (i % 2 === 0) { console.log('2的倍数'); }
    if (i % 3 === 0) { console.log('3的倍数');
    if (i % 4 === 0) { console.log('4的倍数'); }
```

```
    if (i % 5 === 0) { console.log('5 的倍数 '); }
    if (i % 6 === 0) { console.log('6 的倍数 '); }
    if (i % 7 === 0) { console.log('7 的倍数 '); }
    if (i % 8 === 0) { console.log('8 的倍数 '); }
    if (i % 9 === 0) { console.log('9 的倍数 '); }
  }
</script>    第 13 行
```

代码 3.7 的错误信息

```
Uncaught SyntaxError: Unexpected end of input (at syntax_
error.html:13:1)
```

错误信息中的 syntax_error.html:13:1 指出了发生代码错误的文件名和行列号，即代码错误发生在文件的第 13 行第 1 列。然而，第 13 行是一个结束标签 </script>，这个标签本身没问题，那么引发代码错误的真正原因是什么呢?

即使阅读错误信息也找不到错误原因啊！

我们遇到了这样的情形：代码出现了错误，错误信息报告了错误的位置，但它并不是错误根本原因所在的位置。在这种情形下，二分搜索就很有用了。

方法很简单：像之前那样，将代码一分为二。由于错误类别是 SyntaxError，可以通过注释代码来判断哪部分代码存在问题。我们先注释前半部分代码。

```
<script>
  for (let i = 1; i < 10; i++) {
    console.log(`${i}是`);
    // if (i % 2 === 0) { console.log('2的倍数'); }
    // if (i % 3 === 0) { console.log('3的倍数');
    // if (i % 4 === 0) { console.log('4的倍数'); }
    // if (i % 5 === 0) { console.log('5的倍数'); }
    if (i % 6 === 0) { console.log('6的倍数'); }
    if (i % 7 === 0) { console.log('7的倍数'); }
    if (i % 8 === 0) { console.log('8的倍数'); }
    if (i % 9 === 0) { console.log('9的倍数'); }
  }
</script>
```

在此状态下运行代码，没有出现错误信息，代码也能按预期工作。这说明问题可能出现在被注释的代码中。那么，接下来，取消注释前半部分代码，再注释后半部分代码。

```
<script>
  for (let i = 1; i < 10; i++) {
    console.log(`${i}是`);
    if (i % 2 === 0) { console.log('2的倍数'); }
    if (i % 3 === 0) { console.log('3的倍数');
    if (i % 4 === 0) { console.log('4的倍数'); }
    if (i % 5 === 0) { console.log('5的倍数'); }
    // if (i % 6 === 0) { console.log('6的倍数'); }
    // if (i % 7 === 0) { console.log('7的倍数'); }
    // if (i % 8 === 0) { console.log('8的倍数'); }
```

```
    // if (i % 9 === 0) { console.log('9的倍数'); }
  }
</script>
```

运行代码，出现了同样的错误信息。我们继续使用注释分割代码。

```
<script>
  for (let i = 1; i < 10; i++) {
    console.log(`${i}是`);
    // if (i % 2 === 0) { console.log('2的倍数'); }
    // if (i % 3 === 0) { console.log('3的倍数');
    if (i % 4 === 0) { console.log('4的倍数'); }
    if (i % 5 === 0) { console.log('5的倍数'); }
    // if (i % 6 === 0) { console.log('6的倍数'); }
    // if (i % 7 === 0) { console.log('7的倍数'); }
    // if (i % 8 === 0) { console.log('8的倍数'); }
    // if (i % 9 === 0) { console.log('9的倍数'); }
  }
</script>
```

再次运行代码，没有出现错误信息。此时，代码错误根本原因所在的范围已经足够小了。观察最后一次注释的两行代码，可以发现，判断是否为3的倍数的if语句中，少了一个花括号“}”。也就是说，代码错误的根本原因在第5行而不是第13行。

这个示例的代码量比较少，能直接看出来语法错误发生的位置。但当代码量大到一定程度时，就很难直接看出来了，甚至很多代码编辑器也无法直接精准定位错误根本原因的所在位置。此时，使用二分搜索，通过逐步注释代码的不同部分来缩小范围，可以高效排查错误根本原因的所在位置。

调试所需的时间也缩短了不少呢！

专栏

为什么代码错误的根本原因会在别处？

那么，为什么错误信息中代码错误的位置和代码错误根本原因所在位置（真正发生错误的位置）相差那么远呢？我们用下面的示例（伪代码）来解释下。

```
for () {
  if () {        没有闭合 if 语句
}
```

我们可能认为这段代码是没有闭合 `if` 语句。但是，计算机会认为是没有闭合 `for` 语句。以下是根据计算机解析代码的方式调整后的代码格式。

```
for () {
  if () { }
              忘记闭合 for 语句
```

这意味着，从计算机的角度来看，代码第 2 行的 `if` 语句没有错误，而第 3 行在本该闭合 `for` 语句的地方发生了错误。因此，像 `if` 语句、`for` 语句等包含表示范围的语句，一旦发生语法错误，错误信息显示的错误位置将与错误根本原因所在位置不同。

3.3.4　对大型单元使用二分搜索

我们之前所举的示例仅涉及单段代码。然而，真实的软件项目是由多个组件构成的复杂系统。以典型的 Web 应用程序为例，它包含了在浏览器上的运行的前端（由 JavaScript、HTML、CSS 等构成）及在服务器上运行的后端（由 PHP、Ruby、Java 等编程语言开发的程序，以及数据库等组成）。前端与后端协同工作，共同实现 Web 应用程序的界面和功能（见图 3.8）。

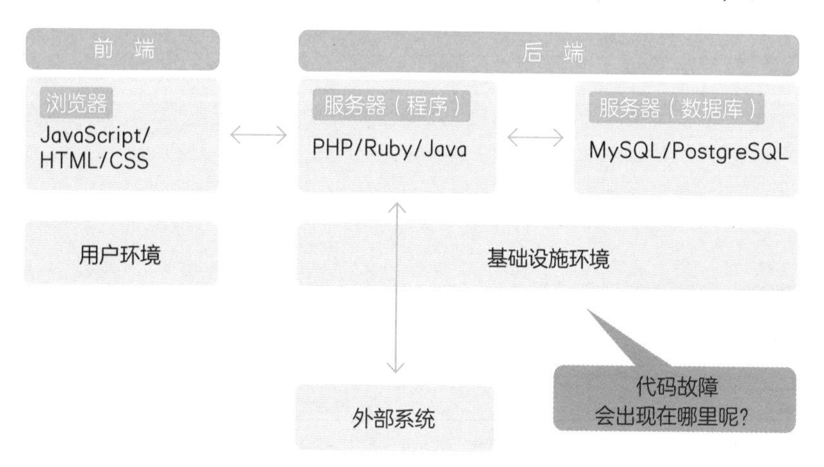

图 3.8　Web 应用程序的前端与后端协同工作示意图

从这么多的系统组件中确定故障原因是一件十分困难的事。

那么，我们需要将之前学到的二分搜索应用于此。由于没有一个明确的划分标准，我们可能会对如何划分组件有困惑。对此，我们通常会根据物理边界、功能等，将组件划分为不同的单元，如前端和后端、服务器和数据库等。

在这个示例中，我们按前端和后端划分系统。首先，检查前端发送的数据是否正确（见图 3.9）。如果发送的数据符合预期，那么说明前端正常，我们需要在后端中继续排查故障（见图 3.10）。

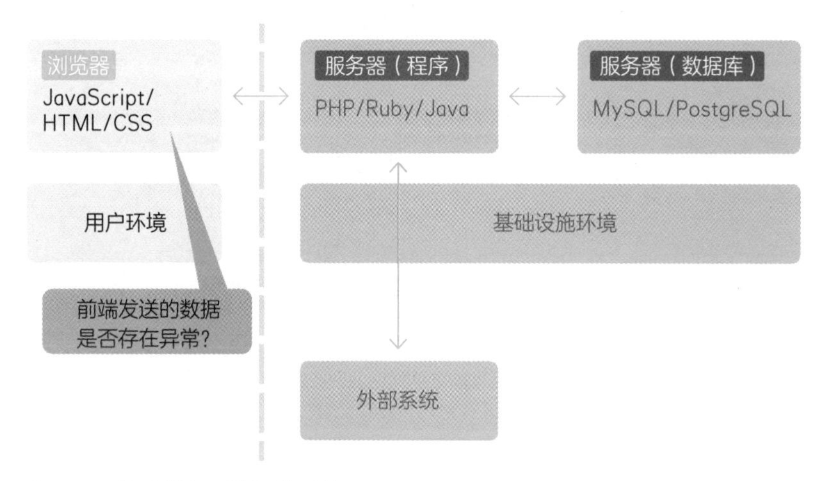

图 3.9 按前端和后端划分系统

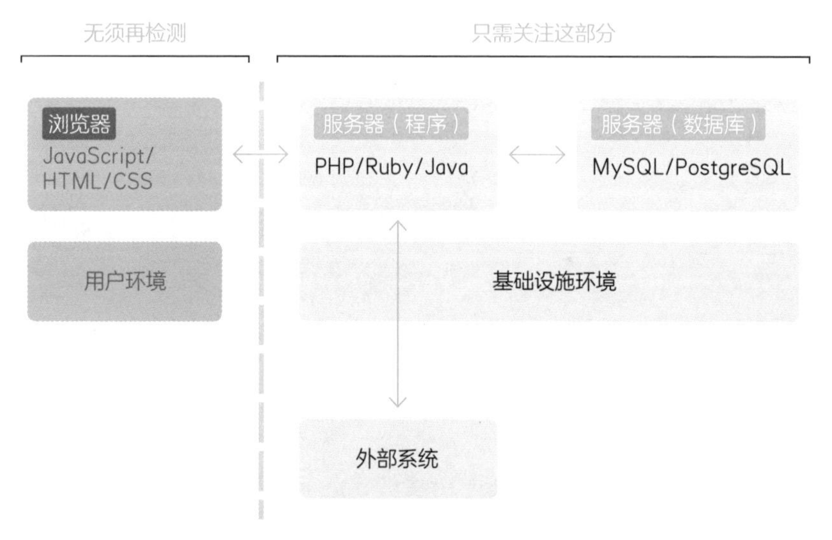

图 3.10 在后端中继续排查故障

接下来，将后端中的组件继续划分成不同的单元进行二分搜索，逐步缩小故障所在位置（见图 3.11）。

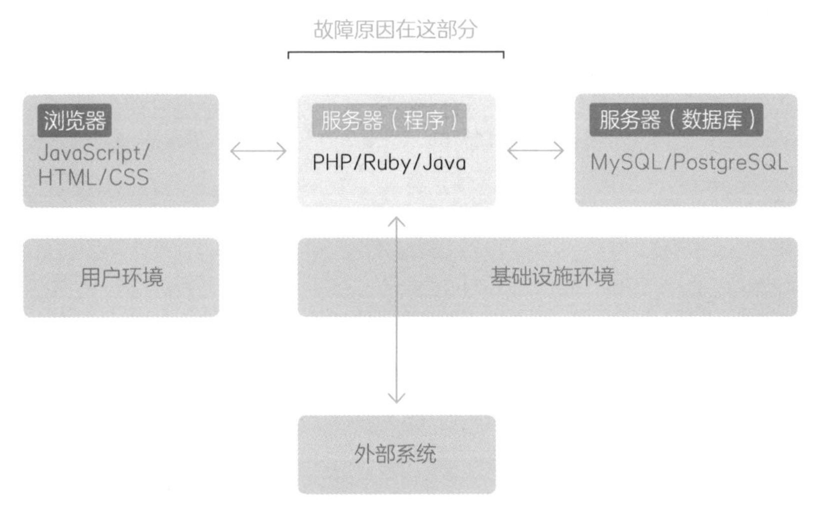

图 3.11　使用二分搜索逐步缩小故障所在的范围

我们通常无法将复杂系统等分为二，但如果能按单元排查故障，也会使调试变得轻松一些。

划分为单元是很重要的。

专栏

使用 Git 进行二分搜索

代码版本管理工具 Git 专门提供了用于排查代码故障的便捷命令 bisect。Git 按照时间顺序记录代码从过去到现在的改动历史，就像是将卡片按数字从小到大排列一样。bisect 命令利用这一特性，在指定的无故障历史版本与发现故障的版本之间，采用二分搜索的方法，逐步缩小搜索范围，最终确定引发故障的代码版本。

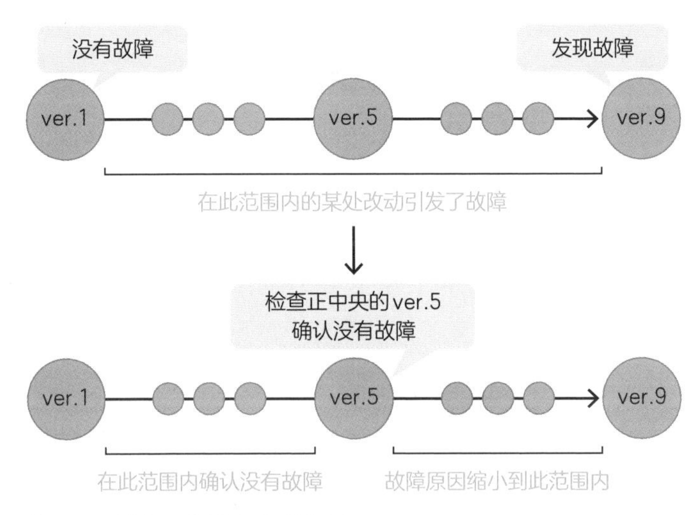

使用 Git 进行二分搜索的示意图

由于篇幅限制，本书不对 `bisect` 命令的详细用法进行过多介绍。但此命令确实非常实用，感兴趣的读者可以查阅 Git 官方的帮助手册，亲身体验一下。

3.4 最小可复现示例

除了二分搜索，还有一种方法能帮助我们高效排查代码故障，那就是最小可复现示例（minimal reproducible example）。漫无目的地调试，就好比在茫茫沙漠中寻找钻石，其难度可想而知。为了提高调试效率，可以剔除与代码故障无关的部分，缩小排查的范围（见图 3.12）。

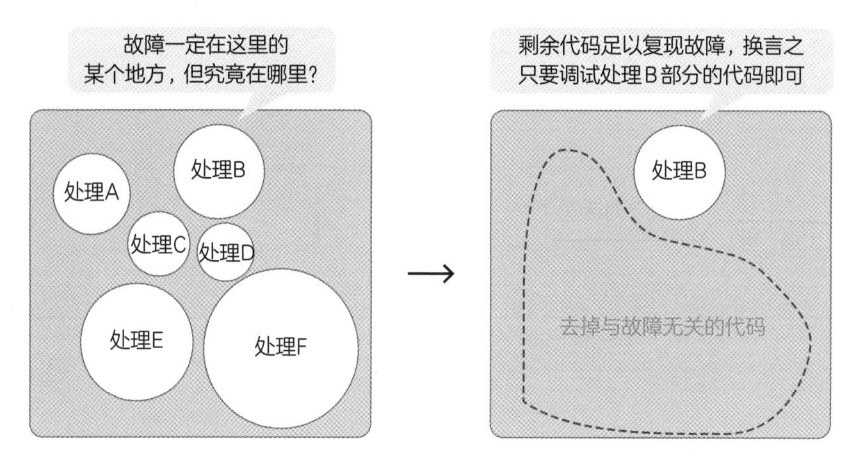

图 3.12　在调试中缩小需要排查的代码范围以提高效率

以“通过对话框显示个人信息的编辑表单”功能为例。用户点击“编辑”按钮，弹出一个对话框。该对话框提供修改用户名、个人头像的功能（见图 3.13）。

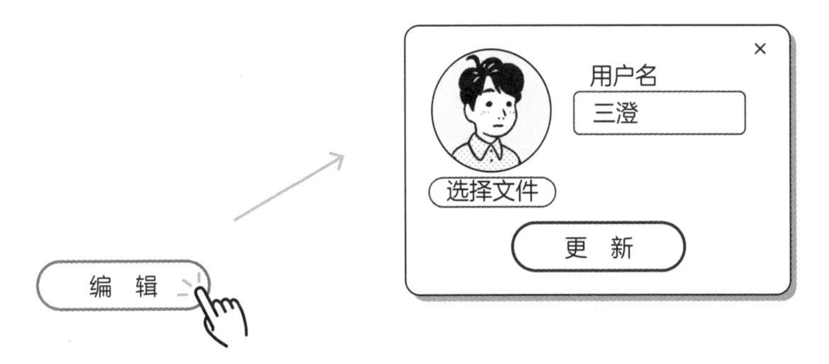

图 3.13 个人信息的编辑表单对话框

如图 3.14 所示，程序内部的处理逻辑大致如下。

1.“编辑”按钮的点击事件被触发时，显示一个对话框。

2. 显示用于修改用户名和个人头像的表单。

3. 通过数据库获取用户个人信息，并显示在表单上。

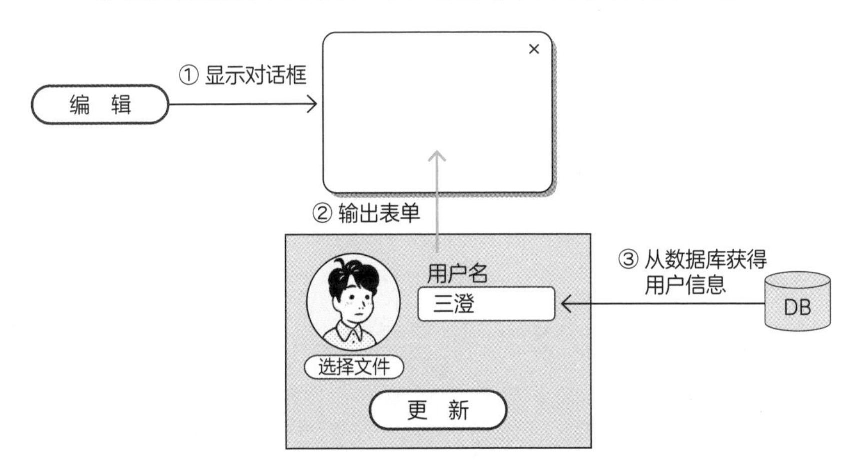

图 3.14 程序处理逻辑

假设对这个功能进行测试，发现点击“编辑”按钮打不开对话框，程序出现了故障。接下来让我们尝试用最小可复现示例方法来调试这种状况。

为了呈现最小可复现示例，我们删除与显示对话框没有直接关系的处理逻辑。首先删除从数据库检索用户的处理逻辑，表单使用虚拟用户信息（见图 3.15）。

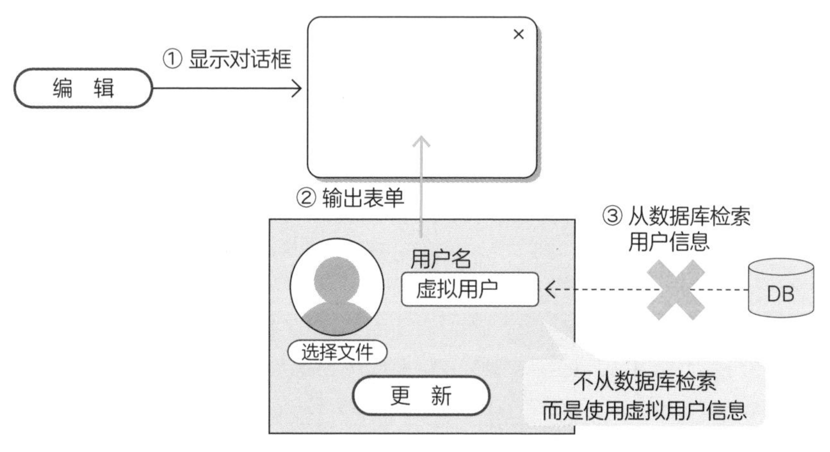

图 3.15　删除检索用户信息的处理逻辑

如果此时能够打开对话框，则可以确定从数据库检索用户信息的过程出了故障。如果仍然无法打开对话框，我们需要继续删除其他的处理逻辑，以得到最小可复现示例。

接下来删除输出表单的处理逻辑，剩下一个空白的对话框（见图 3.16）。

如果此时能够打开空白的对话框，则说明故障出现在输出表单这部分。

以上示例演示了用最小可复现示例方法的思路。通过逐步删除代码逻辑，让代码接近可复现故障的最小状态，就能够定位故障所在了（见图 3.17）。

反之，我们可以在一开始构建最小可执行示例，并逐步添加代码，直到复现故障，得到最小可复现示例（见图 3.18）。这种方法特别适用于已经拥有庞大代码库的情形，因为在这样的环境中，直接判断哪些代码与故障无关往往十分困难。通过从头开始构建最小可执行示例，并逐步增加代码，我们可以更有效地定位并找到故障的根源。

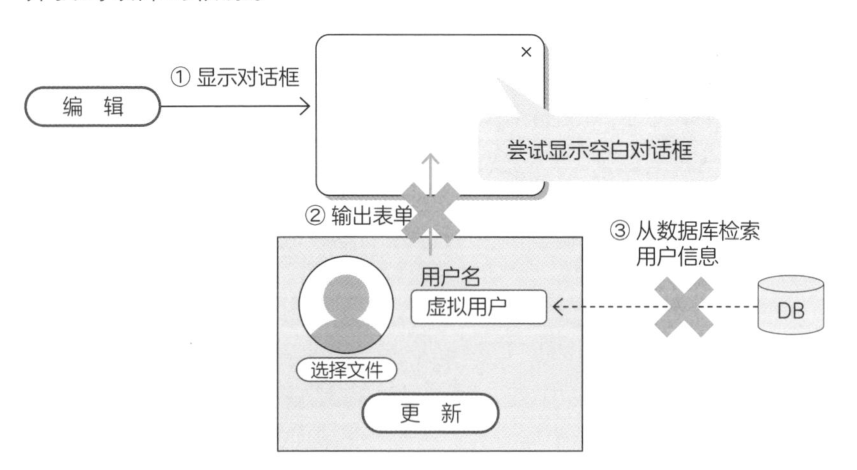

图 3.16　去掉输出表单的处理步骤

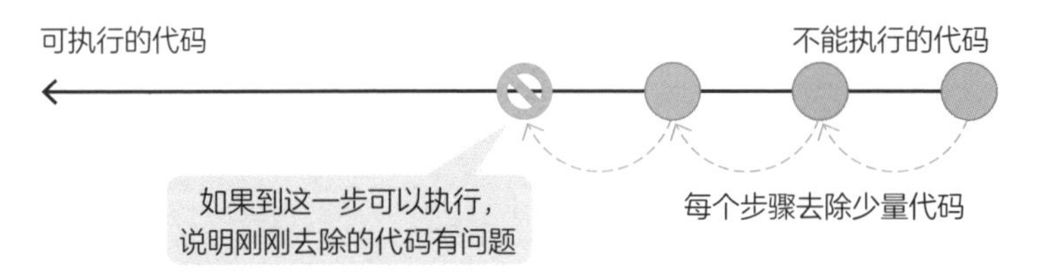

图 3.17　逐步接近代码可执行的状态

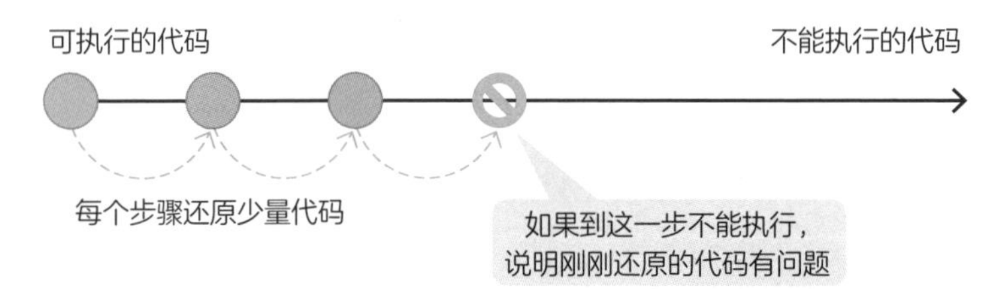

图 3.18　逐步接近代码不能执行的状态

两种方法哪个更好，取决于代码的实际情况。关键是要从物理上逐步确定故障范围。

使用最小可复现示例不仅能有效提高我们调试代码的效率，还能在我们寻求帮助时提升与他人的沟通效率。比如我们在向他人请教时，直接向对方呈现大量代码，并告诉对方“这段代码存在故障”，是很低效的做法，对方不见得能很快读完并理解这些代码；相反，向对方呈现最小可复现示例，对方有可能会迅速判断故障原因，并提出对我们调试有实质性帮助的建议。

向他人请教时，要提供最小可复现示例！

这样会更高效。

3.5 关于提高调试效率的几点思考

调试中，最重要的是我们要树立“事先提出假设，然后加以验证”的流程意识。观察调试效率高和调试效率低的程序员，他们有以下区别。

3.5.1 事先提出假设

调试效率高的程序员的一个特点是，能够识别故障所在的大致区域，并提出假设。

程序员通过编程实践积累解决故障的经验。当遇到故障时，能够根据以往的经验推测原因并提出假设。特别地，若在某个特定的系统上长期工作，能更深入地理解整个系统，进而针对故障提出高质量的假设。

那么，是不是只有经验丰富的人才能提出假设呢？诚然，拥有多年编程经验的人更容易提出高质量的假设。但这不代表新手程序员不能提出假设，哪怕是提出诸如“不清楚具体情况，但故障可能在这个范围”之类的假设也是提出假设。

以下是可以帮助我们更好地提出假设的技巧。

1. 将你认为可能是故障原因的要点列举出来。

2. 删掉重复的要点，拆分复杂的要点。

3. 让要点尽可能简单和具体。

4. 最后按照重要性对要点排序。

这样一来，你就能创建一个按优先级排列的假设列表。假设列表示例见表3.1。

表3.1　假设列表示例

序　号	假　设
1	参数的值与预期不符
2	变量在中途被改写
3	函数执行顺序可能存在错误
4	对库的调用可能存在错误

3.5.2　每次只验证一个假设

在提出假设后，调试效率高的程序员和调试效率低的程序员所使用的验证假设的方法也存在差异。前者遵守一个原则——每次只验证一个假设。由于假设列表是按优先级排列的，调试通常也是按这个顺序逐一进行验证的，这尽可能地减少了需要修改的代码量。而后者在面对故障时，可能会急于求成，同时验证能想到的各种假设，修改不同位置的代码，从而引发连锁反应，影响整个系统的稳定性，使故障复杂化。总而言之，提高调试效率的其中一个技巧就是每次只验证一个假设，尽量减少代码的修改量，而不是漫无目的地修改代码。

3.5.3 灵活提出并验证假设

我们发现调试效率低的程序员在调试时往往固执地验证某一个假设，并且坚定地认为故障就发生在那里，只是修复方法使用得不对。而调试效率高的程序员则更加灵活，不局限于验证某一个假设，即便要验证的代码与故障没有直接关系，只要有一丝怀疑，他们也会着手验证。

初看起来，后者似乎会做一些无用功。然而，当故障范围逐步缩小，验证与故障无直接关系的代码，也能提高调试的效率。

3.5.4 不遗余力

有个新手程序员曾向我们咨询过他遇到的代码故障。在听完他描述后，我们问："你是否尝试过 ×× 方法？"他回答："没有，我觉得那个方法太烦琐了，就没去试，并且我认为它可能解决不了这个故障"。诚然，怕麻烦是人之常情，但在调试中，因怕麻烦而不去验证是大忌。

人们或许对调试效率高的程序员有误解，认为他们的工作既高效又轻松。但实际上，情况往往相反。调试效率高的人，在调试中付出了很多的精力，尤其是在面对复杂的故障时，他们会不惜花费大量的时间分析故障原因、提出并验证假设。正是这些付出，才使得他们在后续的调试中能够游刃有余，快速完成调试。

橡皮鸭调试法

“橡皮鸭调试法”的概念来自于《程序员修炼之道》中的一个故事。故事中的编程大师会随身携带一只橡皮鸭，每当调试程序，他就向这只橡皮鸭解释每一行代码的含义。橡皮鸭调试法的核心思想是如果调试进行得不顺利，我们可以通过自言自语或和他人（甚至是玩偶）交谈的方式，梳理思路。在这个过程中，我们可能会不自觉地冒出解决故障的灵感或发现先前忽略的细节。

调试程序犹如在一片漆黑中完成一幅复杂的拼图。和橡皮鸭解释代码含义听上去有点荒诞，但是这种方式确实可以帮助我们理清思路，远比毫无头绪要好得多。

使用橡皮鸭调试法，无须像撰写剧本那样字斟句酌，而应放松情绪，采用口语化的表达方式，大致描述出代码的逻辑、调试中遇到的困难等。这样做，我们会找到解决故障的线索。

第4章

利用工具简化调试

前辈，这个故障
我解决不了……
那我们
一起看看。

确实有点复杂……
你看看能不能在这里中断？
中……中断？

中断？
中断？
中断？

是这样吗？

快给我中断！
不好意思，
是我没说清楚……

在开发领域有一种被称为“调试器（Debugger）”的工具，不知道大家是否有所耳闻？我们将在本章详细讲解如何使用调试器进行调试。很多人对学习使用调试器望而却步，但其实调试器使用起来并不复杂，只要掌握一些关键术语，并熟悉操作流程，就能轻松使用调试器来实现第3章中介绍的调试方法。

虽然调试器在不同编程语言和编辑器中的样式有所差异，但它的基本使用原理是一致的。我们一旦掌握了调试器的使用方法，就能在各种环境中使用它，从而大大提高我们的调试效率。我们来尝试一下它的功能吧。

4.1

调试的有力工具——调试器

很多新手程序员可能听说过调试器，但并未使用过。调试器的具体功能有哪些呢？调试器具有断点功能，能让运行的程序在特定的位置中断。被中断的程序进入等待状态，程序员可以在这个状态下检查变量的值，或者编写并运行一段新的代码以测试程序。此外，大多调试器还具有单步调试功能、条件断点功能、监视变量功能等。

调试器是一种非常实用的工具，相比第 3 章中使用的打印调试方法，即手动输入代码并观察输出的变量值——调试器显得更为灵活。它允许我们使用断点功能来中断程序运行，从而不费力地检查变量的值，如图 4.1 所示。

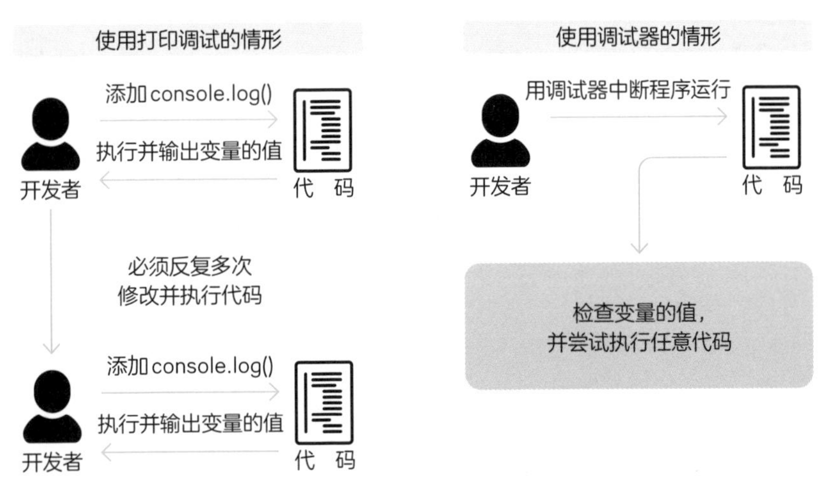

图 4.1　使用打印调试和使用调试器的对比

需要注意的是，用作调试器的具体工具因编程语言和框架的不同而有所差异。例如，用 JavaScript 编程语言开发应用时，使用内置于浏览器的“开发人员工具”；用 PHP 编程语言开发应用时，使用“Xdebug”；用 Ruby 编程语言开发应用时，使用“byebug”，等等。它们的使用方法略有不同，有的可以在控制台中运行，有的内置于代码编辑器中。我们以使用 JavaScript 编程语言开发为例，基于浏览器内置的“开发人员工具”讲解调试器的使用方法。

熟练使用调试器是程序员查找和解决代码故障所需的重要技能之一。虽然调试器的安装和配置比较麻烦，但只要迈过了这个门槛，我们就能高效地调试。我们一起来学习如何使用调试器吧。

调试器……听起来很酷！

4.2 断点功能

我们来看看如何使用调试器的断点功能。

4.2.1 什么是断点

断点（break point）是调试器的一个功能，可以让运行中的程序，在特定的位置暂时中断运行，如图 4.2 所示。

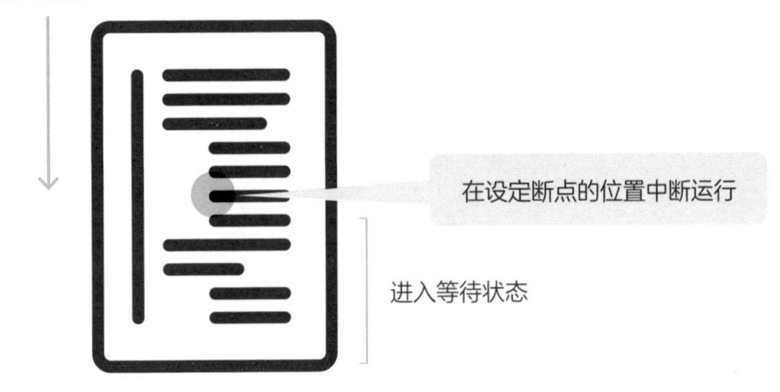

图 4.2 在断点处中断运行

被中断的程序进入等待状态，我们在这种状态下检查程序。具体来说，我们既可以检查变量的值，也可以运行新的代码，以此来定位故障位置并修复程序，确保程序能按照我们的预期工作。

代码量少时，直接使用打印调试逐一检查变量的值是一种可行且高效的方法。然而，随着代码量的增加，使用打印调试变得不再高效。此时，使用断点功能可以提高调试效率，因为使用它可以免去一行行进行打印调试的烦琐。

真的能中断程序的运行吗？

4.2.2 断点的设置方法

我们来了解一下断点的设置方法，以及断点的工作原理。将代码 4.1 保存为 HTML 文件，并在微软 Edge 浏览器中打开。这段代码使用 console.log() 函数输出数字 1、2 和 3。

代码 4.1

```
<!DOCTYPE html>
<html lang="zh">
  <head>
    <meta charset="UTF-8" />
  </head>
  <body>
    <h1> 示例 </h1>
    <script>
      console.log(1);
      console.log(2);
      console.log(3);
    </script>
  </body>
</html>
```

点击微软 Edge 浏览器右上角的“…”，然后点击“更多工具”子菜单中的“开发人员工具”，打开开发人员工具[1]。点击“控制台”，可以看到 console.log() 函数的输出，如图 4.3 所示。

图 4.3　在控制台中查看 console.log() 函数的输出结果

我们现在为代码设置一个断点。首先点击开发人员工具中的“源代码”，然后点击要调试的 HTML 文件，我们可以在“源代码”中看到 HTML 文件中的源代码，如图 4.4 所示。

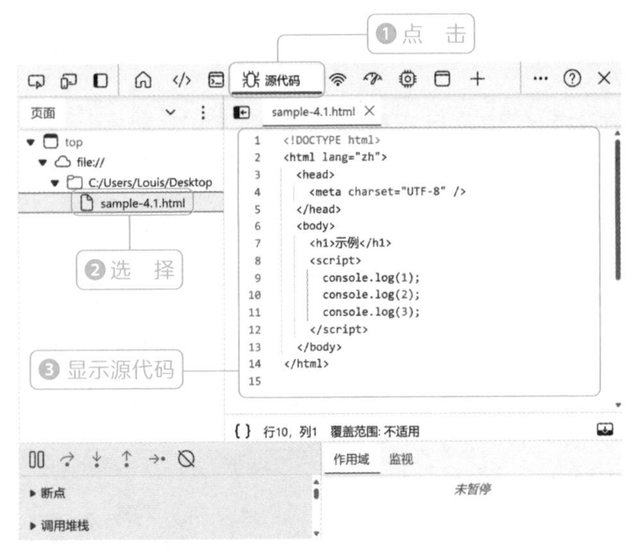

图 4.4　显示源代码

最后，点击行号就可以设置断点了。点击后，行号的左侧会

[1] 使用键盘上的 F12 可以快捷启动微软 Edge 浏览器中的开发人员工具。使用组合快捷键 Ctrl+Shift+I 可以启动 Windows 系统中谷歌 Chrome 浏览器的开发人员工具；使用组合快捷键 Command+Options+C 可以启动 macOS 系统中谷歌 Chrome 浏览器的开发人员工具。

出现圆点标记（其他调试器可能会有不同的样式），程序运行到标有圆点的位置就会中断。我们在第 10 行代码 console.log(2); 的位置设置断点，如图 4.5 所示。

图 4.5　设置断点

在已经设置了断点的状态下，我们刷新网页，重新运行代码。此时，断点功能被激活，程序运行到断点位置会中断，并且浏览器中会显示与断点操作相关的功能区，如图 4.6 所示。

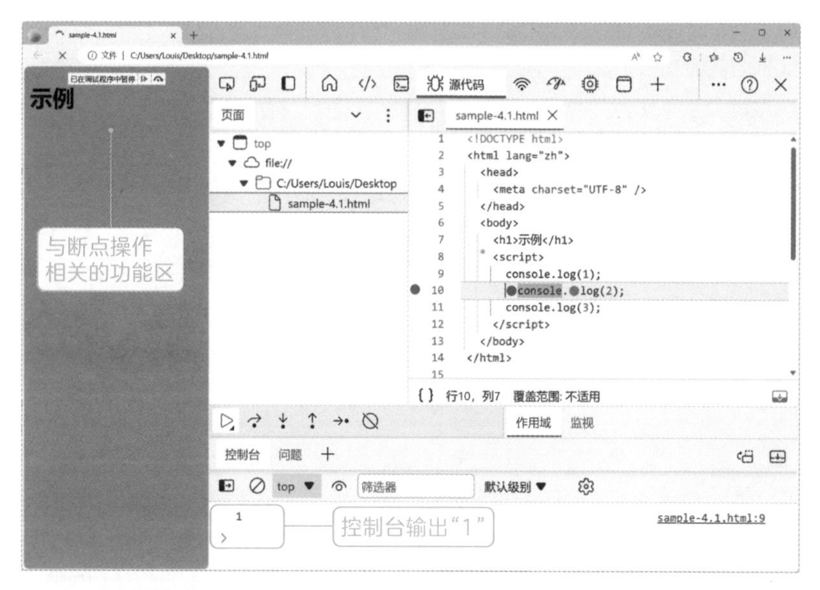

图 4.6　与断点操作相关的功能区

观察控制台，此时只输出了数字 1。这意味着断点位置的代码 console.log(2); 未运行，程序中断了。如果想要使程序恢复运行，则需要点击与断点操作相关的功能区中的箭头形按钮，程序将从断点位置继续运行，如图 4.7 所示。

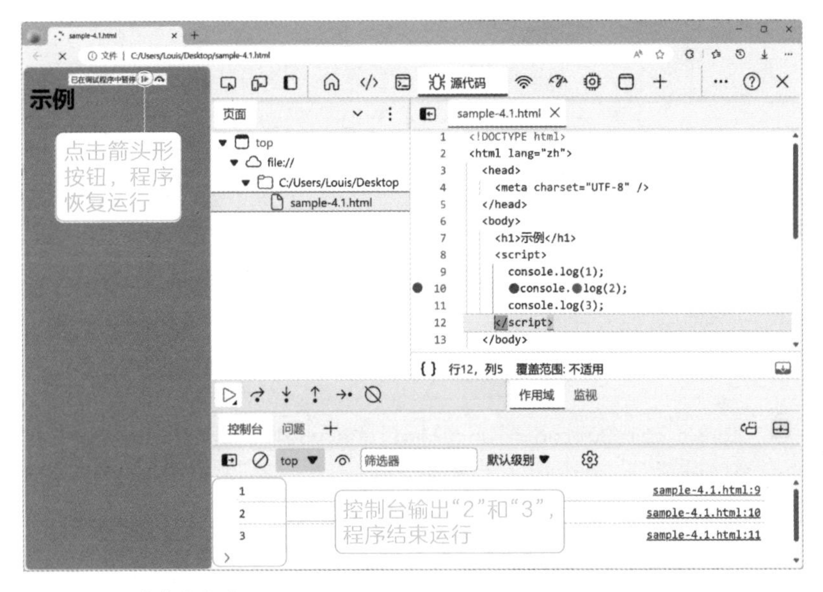

图 4.7　程序恢复运行

如果要去掉断点，则需在设置断点的位置再次点击行号。

4.2.3　使用断点进行调试

接下来，介绍如何使用断点进行调试。我们将代码 4.2 保存为 HTML 文件，并在微软 Edge 浏览器中打开。

代码 4.2

```
<!DOCTYPE html>
<html lang="zh">
  <head>
```

```
    <meta charset="UTF-8" />
  </head>
  <body>
    <input type="text" name="num1" size="4" />
    +
    <input type="text" name="num2" size="4" />
    =
    <span class="result"></span>
    <button type="button">计算</button>
    <script>
      const num1 = document.querySelector("[name=num1]");
      const num2 = document.querySelector("[name=num2]");
      const result = document.querySelector(".result");
      const calcButton = document.querySelector("button");
      calcButton.addEventListener("click", () => {
        const sumNum = sum(num1.value, num2.value);
        result.textContent = sumNum;
      });
      function sum(a, b) {
        return a + b;
      }
    </script>
  </body>
</html>
```

网页显示了两个输入框和一个标签为“计算”的按钮，如图 4.8 所示。这是一个简单的应用程序，可以对两个数求和。

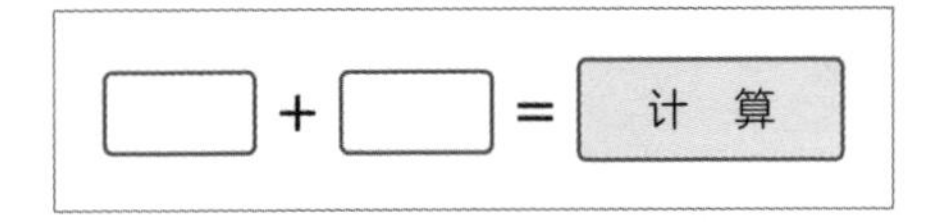

图 4.8　两数求和应用程序

我们来实际输入两个数并测试计算结果。在两个输入框中，分别输入“1”和“2”，点击“计算”，如图 4.9 所示，返回结果是“12”，而不是我们预期的“3”。很显然，代码 4.2 存在故障。

1 + 2 = 12 计　算

图 4.9　测试 1+2 的计算结果

我们使用断点进行调试。打开微软 Edge 浏览器的开发人员工具，在“源代码”中选择我们要调试的文件，如图 4.10 所示。

图 4.10　在开发人员工具中打开代码 4.2 的 HTML 文件

我们通过点击行号设置断点。此处，我们要检查“计算”按钮的功能，因此把断点设置在第 19 行，也就是点击事件触发函数的第一行，如图 4.11 所示。

图 4.11　在第 19 行设置断点

设置断点后，刷新页面，再次输入数字“1”和“2”，点击“计算”按钮，如图 4.12 所示，程序在断点位置中断，断点位置的 const sumNum = sum(num1.value, num2.value); 未运行。

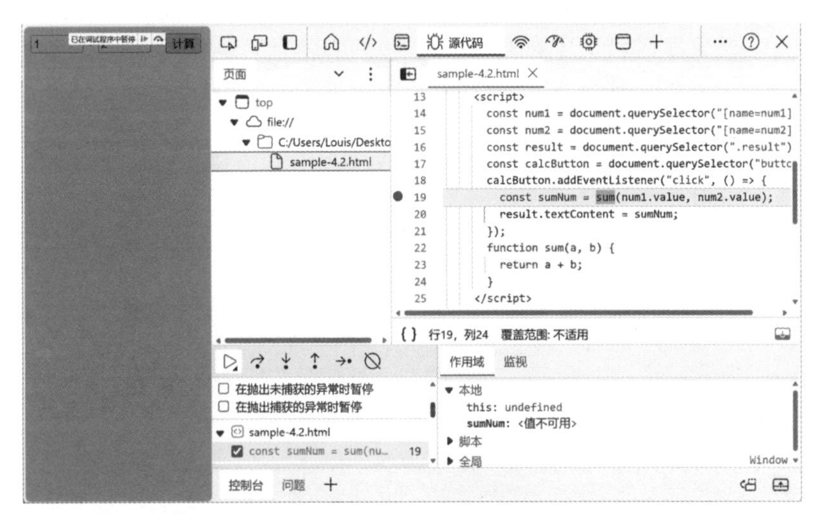

图 4.12　再次输入数字“1”和“2”，点击“计算”按钮

在开发人员工具的“作用域”选项卡中，我们能检查变量的状态。此处作用域中显示的是 sumNum: < 值不可用 >，如图 4.13 所示。这意味着，sum() 函数未运行，不能给变量 sumNum 赋值。

图 4.13　检查变量的状态

接下来，检查传递给 sum() 函数的参数 num1.value 和 num2.value 的值。因为 num1.value 和 num2.value 不是局部变量，不显示在“作用域”选项卡中，所以我们将光标分别悬停在 num1.value 和 num2.value 上，页面会弹出一个小窗口显示变量的值，如图 4.14 所示。

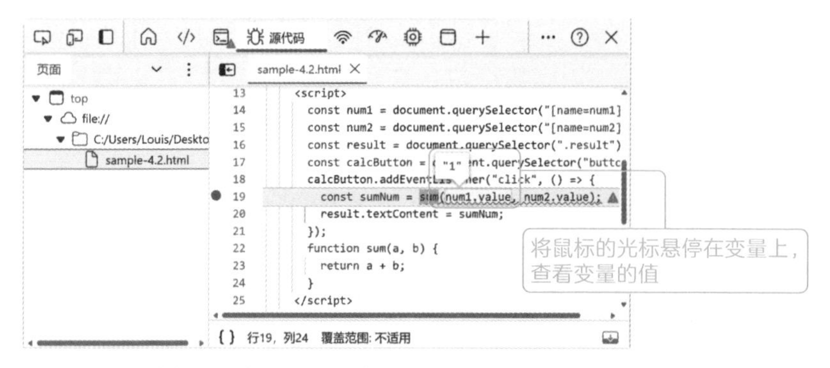

图 4.14　将光标悬停在变量上，查看变量的值

num1.value 和 num2.value 的值分别是 1 和 2，这和我们在输入框中输入的内容相同。据此，我们能够初步确认输入的值已

被正确赋值给变量，并成功传递给函数的参数。这样一来，故障可能出现在 sum() 函数中。为了进一步调试，我们使用单步调试功能。

单步调试是从程序中断的位置开始逐步调试代码的功能。在开发人员工具中提供了单步调试相关的操作按钮。此处，我们使用“单步跳入”来调试代码，如图 4.15 所示。

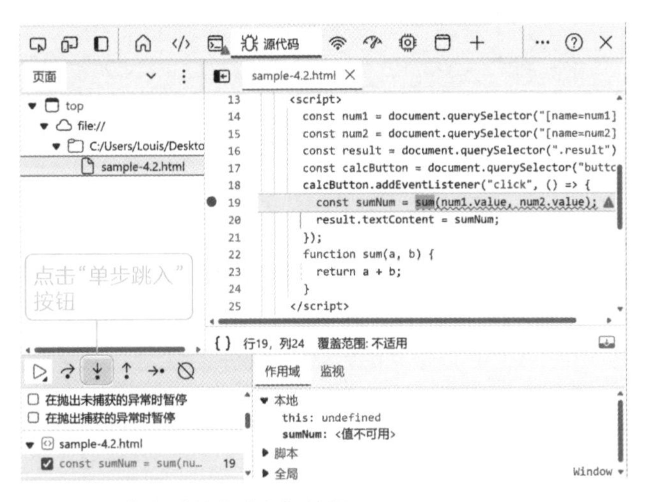

图 4.15 点击“单步跳入”按钮

点击“单步跳入”按钮后，程序执行下一步的代码，即执行 sum() 函数内部的代码，执行后再次中断，如图 4.16 所示。通过这种方法，我们可以逐步检查代码。

在图 4.16 中，sum() 函数内部的参数 a、b 的值被突出显示了。值看上去没有问题，执行加法计算的表达式 a+b 好像也没有问题，至少没有语法问题。调试时，我们经常会遇到这类情况——代码看上去没有问题，但结果不符合预期。这可能是我们忽略了某些细节或陷入了思维定式。因此除了仔细阅读代码，我们还要多做一些测试。

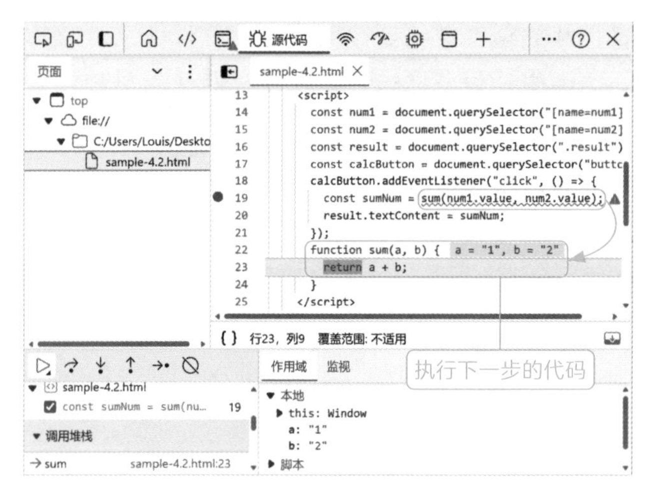

图 4.16　执行下一步的代码

此时我们继续使用断点功能调试代码，它允许我们在程序中断时编写并运行新的代码，待故障解决后，将可用的代码合并到原始代码中，避免了反复修改、重复运行整个程序的烦琐。当前，程序中断在第 23 行代码的位置，处于 sum() 函数的作用域，我们可以在“控制台”选项卡中，输入 a、b、a+b，查看结果，如图 4.17 所示。

图 4.17　在“控制台”选项卡中检查 a、b、a+b

“控制台”选项卡中复现了程序的故障，相加结果不是 3 而是 12。可以确定是加法表达式这部分存在故障。那么是运算符有问题吗？为了排除疑问，我们在“控制台”选项卡中直接输入“1+2”，查看结果，如图 4.18 所示。

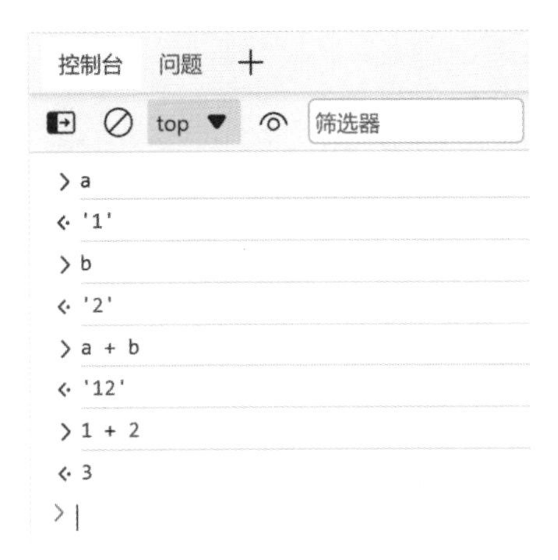

图 4.18　在“控制台”选项卡中检查运算符

结果是 3。这表明，加法运算符没有问题。我们需要回到早先认为“看上去没有问题”的变量 a 和 b 上，再次对它们进行检查。

仔细观察可以发现，“控制台”选项卡中，变量 a、变量 b、表达式 a+b 的值是带单引号的，而“1+2”的值却没有引号。前者是字符串，后者是数值。这其实是比较基础的知识点，但在编程时可能会被忽略。在 JavaScript 中，加法运算符既能对数值进行求和，也能对字符串进行拼接。这就是结果是“12”的原因。为了修正这个代码错误，我们需要使用 parseInt() 函数将字符串类型的值转换为数值类型的值（见代码 4.3）。这样程序就能按我们的预期运行了。

代码 4.3

```
<!DOCTYPE html>
```

```
<html lang="zh">
  <head>
    <meta charset="UTF-8" />
  </head>
  <body>
    <input type="text" name="num1" size="4" />
    +
    <input type="text" name="num2" size="4" />
    =
    <span class="result"></span>
    <button type="button">计算</button>
    <script>
      const num1 = document.querySelector("[name=num1]");
      const num2 = document.querySelector("[name=num2]");
      const result = document.querySelector(".result");
      const calcButton = document.querySelector("button");
      calcButton.addEventListener("click", () => {
        // 转换为数值类型
        const num1value = parseInt(num1.value);
        const num2value = parseInt(num2.value);
        const sumNum = sum(num1value, num2value);
        result.textContent = sumNum;
      });
      function sum(a, b) {
        return a + b;
      }
    </script>
  </body>
</html>
```

改 正

综上所述，我们可以使用断点灵活地检查代码，甚至可以在“控制台”选项卡中，检查变量的值，或运行新的代码。这使调试变得更容易。

让我们慢慢习惯使用调试器吧！

专栏

使用断点语句在代码中设置断点

在前面的示例中，断点是在开发人员工具中设置的。除了这种方法，我们还可以使用 JavaScript 等语言提供的断点语句——debugger; 来设置断点。在需要中断的位置添加 debugger;，如下方的示例，程序运行时会在对应的位置中断。

```
<!DOCTYPE html>
<html lang="zh">
  <head>
    <meta charset="UTF-8" />
  </head>
  <body>
    <h1> 示例 </h1>
    <script>
      console.log(1);
      console.log(2);
      debugger;
      console.log(3);
    </script>
```

```
  </body>
</html>
```

这种方法适用于开发者调试自己编写的代码，因为他们对自己编写的代码有管理和修改的权限。而在调试外部库或第三方的代码时，由于权限的限制，这种方法就不太适用了。

除了 JavaScript 语言，还有其他的编程语言也支持用断点语句设置断点。以下是常见的编程语言中的断点语句。

- JavaScript:debugger;
- Ruby:binding.irb
- Python:import pdb 和 pdb.set_trace()

此处需要注意，使用断点语句设置断点，要在调试完，删除这些语句。未删除断点语句而将代码直接部署到生产环境中，会导致程序意外中断，发生故障。

4.3 单步调试功能

单步调试主要包含三类操作：单步跳过、单步跳入和单步跳出。微软 Edge 浏览器的开发人员工具中设有与这三类操作相对应的按钮，如图 4.19 所示。同样，其他浏览器的开发人员工具中也有与这三类操作对应的按钮，尽管按钮图标可能因浏览器不同而略有不同，但功能是一致的。

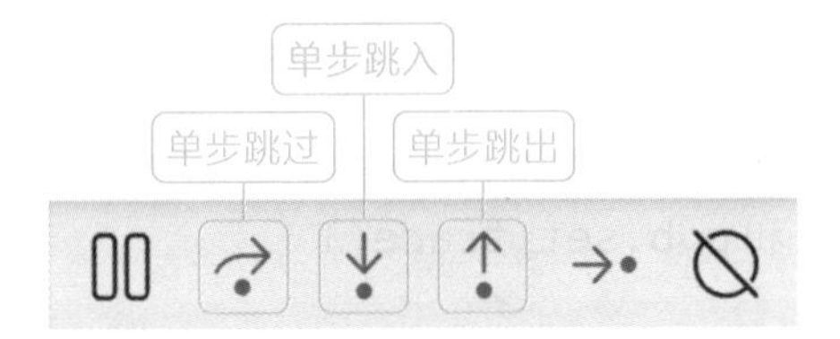

图 4.19 单步调试相关的按钮

4.3.1 单步跳入

单步跳入（step into）是最基础的单步调试操作。它使程序逐步执行断点后的代码，每执行一步，中断一下，如图 4.20 所示。如果代码包含函数，则会跳入函数内部，继续逐步执行和中断。也就是说，单步跳入会遍历断点后的所有代码。因此整个过程会非常耗时，使用单步跳入需谨慎。

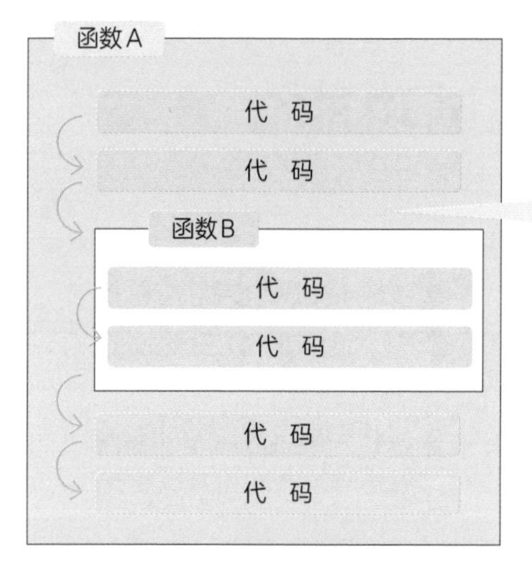

图 4.20　单步跳入的流程

以代码 4.4 为例，展示单步跳入的流程。假设在 const x = add(5, 3); 处设置断点。程序中断后，只进行单步跳入操作，程序会跳入 add() 函数，逐步执行函数内的代码。当 add() 函数内的代码都被执行完，程序会跳入 multiply() 函数，再逐步执行 multiply() 函数内的代码。

代码 4.4（单步跳入）

```
function add(a, b) {
    const sum = a + b;                    第 1 步执行
    return sum;                           第 2 步执行
}
function multiply(a, b) {
    const product = a * b;                第 4 步执行
    return product;                       第 5 步执行
}
function calculate() {
```

```
    const x = add(5, 3);          设置断点
    const y = multiply(2, 4);     第 3 步执行
    console.log(x, y);            第 6 步执行
}
calculate();
```

4.3.2 单步跳过

单步跳过（step over）同样是使程序逐步执行断点后的代码。与单步跳入不同的是，如果代码包含函数，使用单步跳过会直接调用这个函数，而不跳入这个函数，如图 4.21 所示。单步跳过使开发者更易把握代码的整体结构。

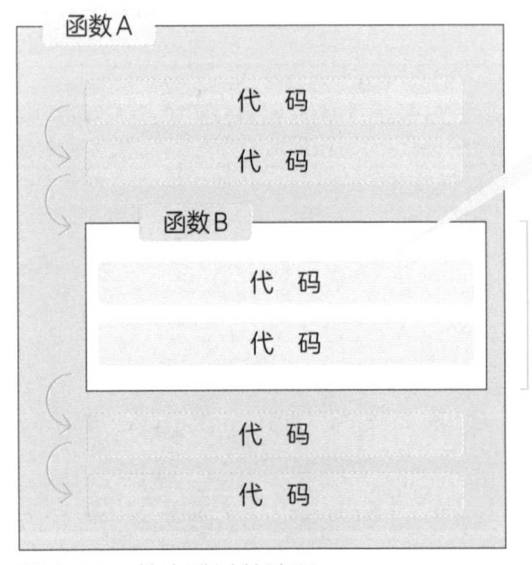

图 4.21 单步跳过的流程

我们继续使用代码 4.4 展示单步跳过的流程。程序中断后，进行单步跳过操作，程序会直接调用 add() 函数，接收函数的返回结果再中断；同样地，此时再次进行单步跳过操作，程序会直

接调用 multiply() 函数……此方法适用于不需要检查函数内部代码的情况。

代码 4.4（单步跳过）

```
function add(a, b) {
    const sum = a + b;
    return sum;
}
function multiply(a, b) {
    const product = a * b;
    return product;
}
function calculate() {
    const x = add(5, 3);           // 设置断点
    const y = multiply(2, 4);      // 第 1 步执行
    console.log(x, y);             // 第 2 步执行
}
```

4.3.3 单步跳出

单步跳出（step out），从字面上不难理解，是指在调试已进行到函数内部时，跳出函数的操作。进行单步跳出操作，程序会执行当前函数内的所有代码，并返回到调用该函数的位置，将返回值传递给调用者，如图 4.22 所示。此操作适用于已经调试到某函数的内部，但想要返回调用此函数位置的场景。

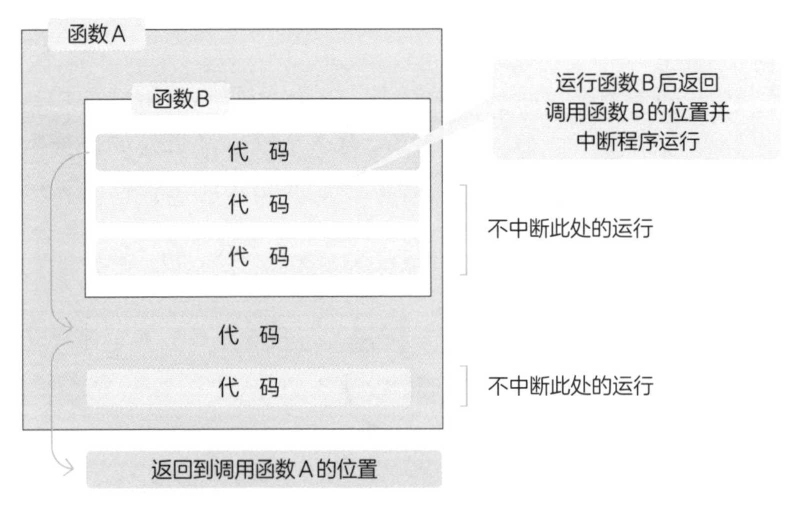

图 4.22 单步跳出的流程

仍然用代码 4.4 展示单步跳出的流程。

代码 4.4（单步跳出）

```
function add(a, b) {
    const sum = a + b;        // 进行单步跳出操作
    return sum;               // 运行此处代码并直接跳出函数
}
function multiply(a, b) {
    const product = a * b;
    return product;
}
function calculate() {
    const x = add(5, 3);      // 设置断点
    const y = multiply(2, 4);
    console.log(x, y);
}
```

4.3.4 单步调试的使用场景

上述介绍的三类单步调试操作——单步跳过、单步跳入和单步跳出的使用场景，我们已经总结在表4.1中。在实际的调试工作中，若能根据具体场景和代码特点灵活选择并应用这些操作，将能够显著提高调试的效率。

表4.1 单步调试的使用场景

操　作	使用场景
单步跳入	每一行代码都需要仔细检查的场景
单步跳过	只检查代码的整体结构，不考虑函数内部细节的场景
单步跳出	已经在函数内部，想要返回调用此函数位置的场景

4.4

条件断点功能

大多调试器具有条件断点（conditional breakpoint）功能。该功能允许程序员设置一定的条件，当这些条件满足时，程序才会在断点处中断。

例如，代码 4.5 使用 for 语句输出从 0 到 9 的数值。假设需要在变量 i 的值为 5 的情形中调试程序，如果使用之前的方法直接设定一个断点，则程序会触发 10 次中断，其中 9 次中断都不是我们需要的。

代码 4.5

```
for (let i = 0; i < 10; i++) {
  console.log(i);   // 在此处设置断点
}
```

此时，条件断点功能就派上用场了，它允许程序中断在我们需要的某种特定情形中。

以下列举了几个可以触发断点的条件。

1. 当给定表达式的值为真时。

2. 当代码执行了指定次数时。

3. 当指定的函数或方法被执行时。

4. 当变量的值等于给定值时。

5. 当发生异常时。

考虑到有些调试器不支持条件断点功能，我们在调试前应当确定自己所使用的浏览器、编辑器或集成开发环境（IDE）所支持的功能。

4.4.1 使用条件断点进行调试

我们通过一个示例展示如何使用条件断点功能进行调试。在这个示例中，我们使用“当给定表达式的值为真时”作为触发断点的条件。

用微软 Edge 浏览器打开代码 4.2 对应的 HTML 文件，该程序用于计算两个数字的和。然后，在要中断的位置设置断点。此处我们将断点设置在代码的第 19 行，如图 4.23 所示。程序运行后，“计算”按钮每被按下一次，程序会中断一次。

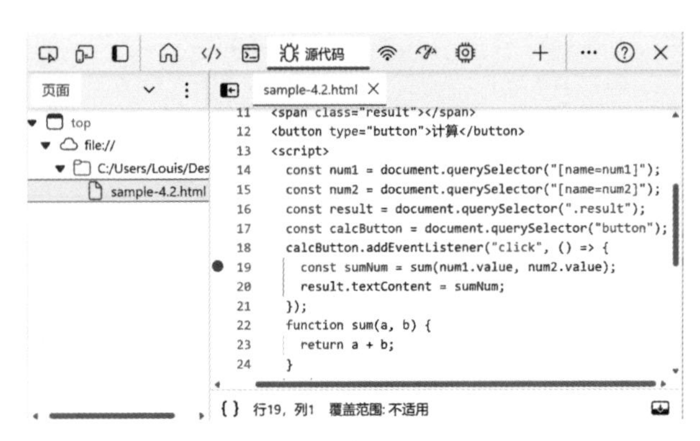

图 4.23 在第 19 行设置断点

接下来，我们使用条件断点功能，设置仅当 num1 的输入框内容为空时触发断点。具体操作方法是在断点位置点击鼠标右键，再点击鼠标左键选择“编辑断点 ...”，如图 4.24 所示。

此时会显示一个设置条件断点的输入框，如图 4.25 所示。我们可以在这里输入条件表达式。

图 4.24　选择“编辑断点 ...”

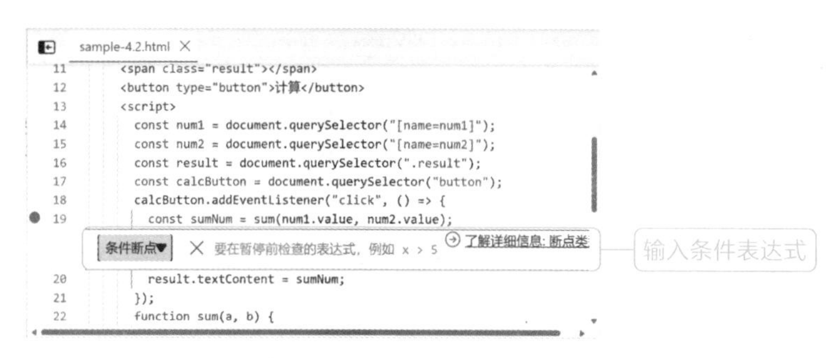

图 4.25　设置条件断点的输入框

因为我们是想将“仅当 num1 的输入框内容为空时”作为触发断点的条件，所以在此处输入条件表达式 `num1.value == ""`，如图 4.26 所示，用以检查没有在 num1 的输入框中输入信息时，其值是否为空。

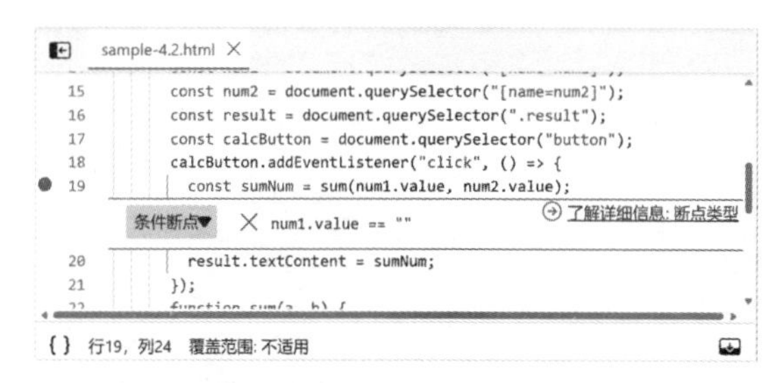

图 4.26　输入条件表达式

实际调试时，如果在 num1 的输入框中输入内容并点击“计算”按钮，则不会触发断点，程序正常运行；如果清空 num1 的输入框中的内容再点击“计算”按钮，则会触发断点，程序中断。

设置条件也能提高调试的效率哦。

我们在 4.2 的专栏中介绍了不同编程语言中的断点语句。在调试时，我们也可以使用断点语句与条件表达式相结合的方式，达到与调试器的条件断点功能相同的效果（见代码 4.6）。

代码 4.6

```
calcButton.addEventListener("click", () => {
  if (num1.value == '') {
    debugger;
  }
  const sumNum = sum(num1.value, num2.value);
  result.textContent = sumNum;
});
```

使用断点语句与条件表达式相结合的方式，实现相同的效果

回到代码 4.5，如果想要程序只在变量 i 的值为 5 时触发断点，我们可以将代码改写成代码 4.7。

代码 4.7

```
for (let i = 0; i < 10; i++) {
  if (i === 5) {
    debugger;
  }
```

使用断点语句与条件表达式相结合的方式，实现相同的效果

```
  console.log(i);
}
```

使用调试器的条件断点功能和使用断点语句与条件表达式相结合的方式设置触发断点的条件及断点，前者操作简便，后者提供了更高的灵活性，允许我们根据具体需求更灵活地控制触发断点的条件。在实际调试中，应根据具体情况、调试需求及个人偏好等因素综合考虑使用哪种方法。

4.4.2　浏览器内置条件断点

大多浏览器的开发人员工具内置了一些针对 Web 应用程序开发的条件断点（见表 4.2）。在使用 HTML、CSS 和 JavaScript 语言开发 Web 应用程序的前端的过程中，这些内置的条件断点可以帮助程序员提高调试效率。

表 4.2　浏览器内置的条件断点

条件断点	介　绍
XHR[①]/fetch 断点	当发生网络通信[②]时触发。可以通过指定域名缩小触发的范围。对调试与网络通信相关的代码很有帮助
DOM 断点	可以将 HTML 元素的状态变化（如元素属性变更、元素删除、子元素变化等）作为触发断点的条件。对调试与 DOM 操作相关的代码很有帮助
事件监听器断点	可以将事件作为触发断点的条件。在已知某些事件（鼠标事件、键盘事件、表单事件、窗口事件等）会引发代码故障，但难以确定故障原因的情况下，此条件断点对调试很有帮助

① XHR，全称为 XMLHttpRequest，是浏览器提供的一个原生应用程序编程接口，用于在 JavaScript 语言环境中异步地发送 HTTP 请求。

② 用 XHR 或 fetch() 函数从 Web 服务器获取数据。

4.5

监视变量功能

大多调试器还具备监视变量功能。这一功能允许程序员在程序运行过程中实时检查变量的变化，从而无须每次为单独检查变量而特意设置断点。

我们仍以微软 Edge 浏览器为例，介绍监视变量功能的使用方法。在开发人员工具中的“源代码”选项卡页面中找到“监视”选项卡，如图 4.27 所示。点击“监控”选项卡，再点击其中的“添加”按钮（+），最后输入要检查的变量名称，就可以监视变量了。

图 4.27 点击“监视”选项卡

此处，我们试试监控 num1 输入框中的值。点击“添加”按钮，输入 `num1.value`，再按下回车键，如图 4.28 所示。

在 num1 的输入框中输入数字，如 10，再点击“刷新”按钮（C），我们可以看到“监控”选项卡中的变量值已经发生了变化，如图 4.29 所示。

图 4.28　输入 num1.value　　图 4.29　变量的值发生变化

使用这个功能，我们能够在“监视”选项卡中随时查看指定变量的值。不过，需要注意的是，作为监视对象的变量必须是全局变量。也就是说，此功能无法监视局部变量和私有变量。如果想要使用此功能查看局部变量和私有变量，可以暂时将它们赋成全局变量再操作。

例如，我们无法直接监视代码 4.2 中的变量 sumNum，但我们可以使用 window 对象定义一个全局变量，再把变量 sumNum 的值赋给这个全局变量（见代码 4.8），这样我们就能从外部间接地访问变量 sumNum，从而监视它的变化了。

代码 4.8

```
calcButton.addEventListener("click", () => {
  const sumNum = sum(num1.value, num2.value);
  window.sumNum = sumNum;        赋给全局变量
  result.textContent = sumNum;
});
```

专栏

在编辑器中使用调试器

在本章中，我们以微软 Edge 浏览器为例介绍了调试器的功能。虽然调试器在不同编程语言和编辑器中的外观和布局可能有所不同，但它们的基本使用原理是一致的。如图 4.30 所示，Visual Studio Code 编辑器中的调试器就和微软 Edge 浏览器中的类似。各位读者不妨体验一下不同的调试器。

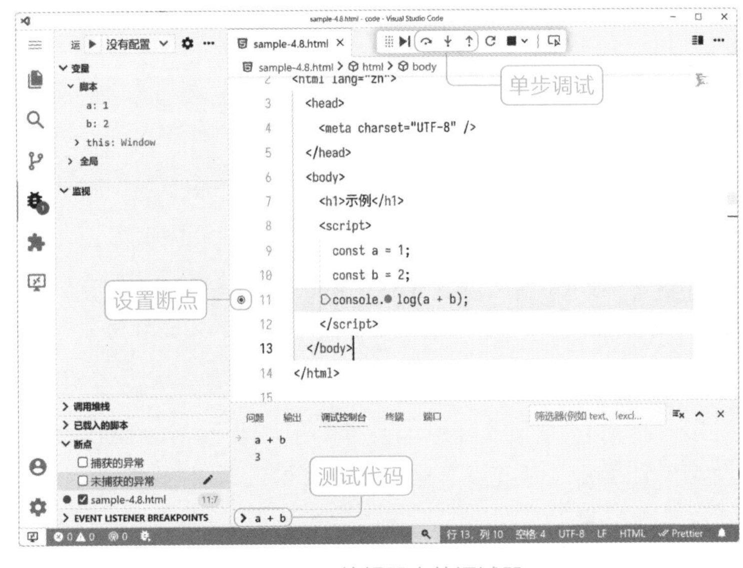

图 4.30　Visual Studio Code 编辑器中的调试器

第 5 章

如何应对
难以解决的代码故障

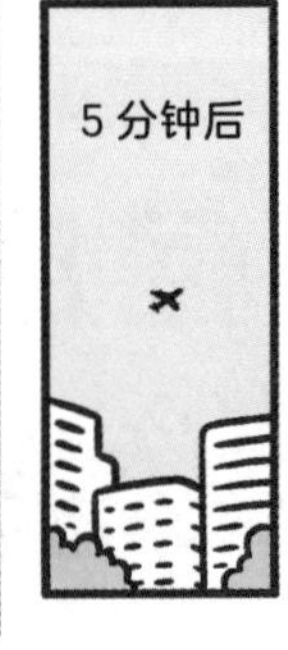

虽然是要尝试用各种方法
解决故障……

通过前四章的学习，我们掌握了阅读错误信息和调试代码的方法。这些方法通常能够帮助我们解决大多数代码故障。然而，在程序开发的实践中，我们难免会遇到一些难以用这些方法解决的代码故障。因此，在本章中，我们将不再局限于介绍调试代码的具体操作方法，而是转向介绍如何高效地在网络上检索解决方法，以及面对那些隐藏较深、难以察觉的代码故障时应采取的应对策略。

事实上，在调试的过程中，广泛收集信息以增加解决故障的可能性至关重要。向他人请教和自主检索信息都是有效收集信息的方式。当我们遇到难以解决的代码故障时，要灵活运用收集信息的技巧与调试方法。

5.1 收集信息的技巧

对程序员来说，有效收集信息是十分重要的工作技能。尤其是在寻找故障解决方法的过程中，完成时间的长短往往取决于能否熟练地收集到有效的信息。

因此，在本节中，我们将讲解一些收集信息的技巧。

5.1.1 使用搜索引擎检索信息的技巧

大家在遇到难以解决的代码故障时，是否有过直接把错误信息复制到搜索引擎中进行检索的经历？如果能直接找到相关的解决方法，那自然是再好不过了，但大多情况是检索结果要么解决不了代码故障，要么和代码故障毫不相关。为此，我们介绍一些高效的检索技巧，以帮助大家更快地获得有效的信息。

■ 为检索信息添加双引号

搜索引擎会对我们输入的检索信息中的关键词进行自动优化，从而实现“弹性搜索”，因此我们得到的检索结果会与检索信息之间存在小幅的差异。“弹性搜索”对检索日常信息很有帮助，但对检索代码错误信息这种需要精准搜索的内容而言，就不太适用了。

为了应对精准搜索的需求，搜索引擎提供了“全文匹配搜索”功能，此功能会将我们输入的检索信息作为一个不可分割的整体进行检索，从而返回更精准的结果。

以谷歌 Chrome 浏览器为例，我们只需要在搜索框中为需要精准匹配的检索信息添加双引号，即可启用“全文匹配搜索”功能。以下面这句代码错误信息为例，我们用谷歌 Chrome 浏览器检索它。

待检索的代码错误信息

```
Cannot read property 'price' of null
```

图 5.1 展示了未使用全文匹配搜索功能时的检索结果，返回的页面中包含大量与检索信息部分匹配的内容。这反映了弹性搜索的特性，它通常能提供更为丰富但可能不那么精确的信息。图 5.2 则展示了使用全文匹配搜索功能时的检索结果，可以从返回的页面中看到搜索引擎是将检索信息作为一个整体进行检索的。

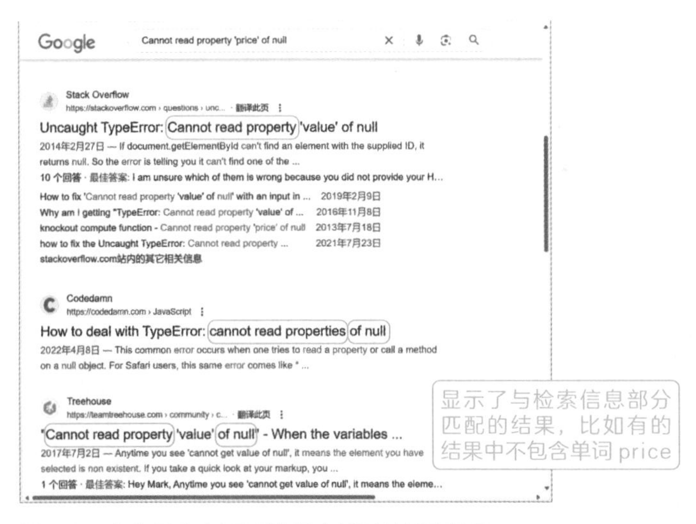

图 5.1　未使用全文匹配搜索功能时的检索结果

图 5.2　使用全文匹配搜索功能时的检索结果

检索结果会有这么大的区别。

■ 检索信息中不要包含具体的文件名

代码错误信息中通常包含文件名、行数等信息。然而，文件名通常是由程序员命名的，与代码错误没有直接关系，在检索时会成为干扰信息。因此检索信息中尽量不要包含具体的文件名。

不过，也存在特殊情况——当代码错误明确源于某个特定的库或框架时，由于这些库或框架的文件名具有唯一性，能够精确指向代码错误的源头。在这种情况下，将库或框架的文件名纳入检索信息，反而能获得更有用的结果。

■ 用英文检索

互联网上，用英文呈现的信息相较比用中文呈现的信息丰富。因此，很多时候，尤其是使用谷歌 Chrome 浏览器和微软 Edge 浏览器检索信息时，选择用英文检索，可以增加获得有用信息的概率。如果我们在使用中文检索信息时，没有得到理想的结果，不妨试试用英文检索一下。

很多新手程序员担心自己的英语水平不够，这其实不妨碍使用英文检索信息。我们在此提供一个模板，当你遇到代码故障需要用英文检索信息时，可以将模板中的 ×× 换成相关的库或框架的名称。除非这个代码故障很罕见，否则很容易找到相关的解答或讨论内容。

搜索条件模板

```
×× not working（或者 ×× doesn't work）
```

此外，还有一些常用的语句，如“How to use ××（如何使用 ××）”和“How to implement ××（如何实现 ××）”等。如果实在不擅长使用英文，也可以借助翻译软件，将问题翻译成英文再去检索。

5.1.2　使用 GitHub 检索信息的技巧

使用 GitHub 检索信息同样能获取到有用的结果。比如，当我们遇到正在使用的某个外部库无法正常工作的情况时，可以利用 GitHub 的“Code Search（代码搜索）”功能，查找使用了相同外部库的开源代码。通过对比开源代码和自己的代码在调用外部库时的差异，我们有望发现问题的根源所在。

阅读开源代码不仅有助于调试，而且在我们使用新技术开发时也很有用。接下来介绍使用 GitHub 检索信息的技巧。

在 GitHub 上，可以自由地阅读他人的代码。

■ 使用正则表达式检索

与搜索引擎类似，GitHub 也会对输入的检索信息进行解析。因此，当使用多个单词作为检索信息时，GitHub 可能会返回与这些单词各自匹配但顺序和位置不固定的结果。为了进行更精确的全文匹配搜索，我们可以在 GitHub 中使用正则表达式。使用正则表达式的方法是将表达式置于两个“/”中，如下所示。

```
/ 正则表达式 /
```

我们以“export function hello”作为检索信息，当进行常规搜索时，可以得到如图 5.3 所示的结果，结果中包含了检索信

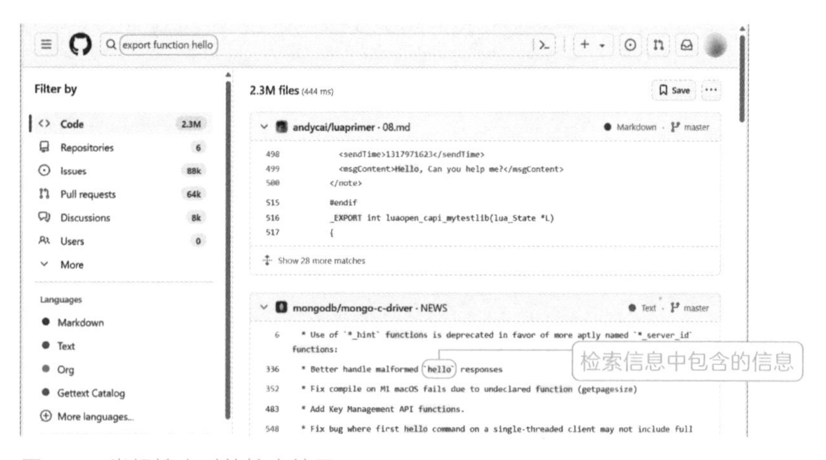

图 5.3　常规搜索时的检索结果

息中的部分单词；当进行正则表达式检索时，我们在搜索框中输入如下的信息，可以得到如图 5.4 所示的结果，GitHub 是以检索信息为整体，即对“定义一个名为 hello 的函数并导出”进行检索，得到的结果更符合我们要检索的意图。

```
/export function hello/
```

图 5.4　使用正则表达式时的检索结果

在上述示例中，我们只是用正则表达式检索了几个英文单词。而正则表达式的功能远不止于此。使用正则表达式的基础语法，我们可以实现更复杂的检索。以下是一个稍微复杂的正则表达式的检索示例。

```
/function say[a-z]{4}\(/
```

这个示例是搜索以 say 开头，紧接着是 4 个任意小写英文字母，并以左括号结束的字符串。这通常是符合函数定义的命名模式。如图 5.5 所示，该正则表达式至少能够匹配到以下形式结果。

- function sayName(
- function sayFile(

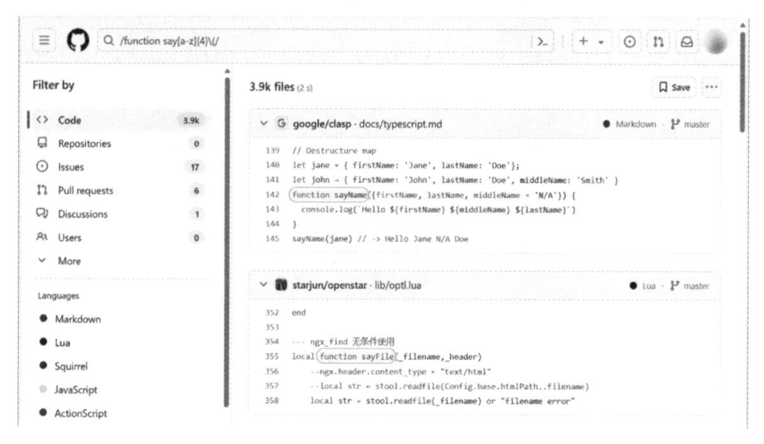

图 5.5　使用复杂的正则表达式的检索结果

掌握使用正则表达式进行检索的技巧能让搜索变得更轻松。

■ 使用文件路径过滤检索结果

GitHub 的代码搜索功能还支持用户通过文件路径过滤检索结果。使用方法时，在搜索框中输入“path:”，并在其后输入需要路径名即可，如下所示。

```
path: 路径名
```

例如，我们正在使用名为“Tailwind CSS”的前端样式配置库，并需要编写配置文件“tailwind.config.js”。为了了解如何编写这个文件，我们可以在 GitHub 的搜索框中输入如下的信息，以查找其他项目中该文件的写法作为参考，检索结果如图 5.6 所示。

```
path:tailwind.config.js
```

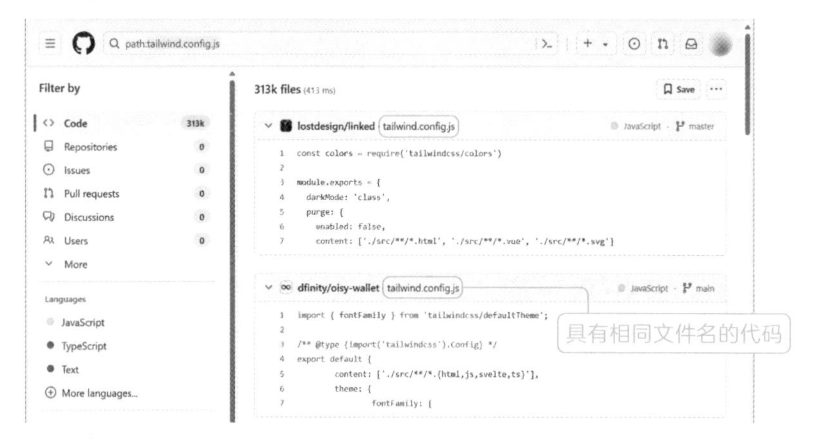

图 5.6 使用文件路径过滤的检索结果

综上所述，GitHub 的代码搜索功能使我们高效地检索与问题相关的代码。通过对比自己与他人的代码，我们往往能够发现差异并获得有用的信息，从而优化自己的代码。

5.1.3 在社区提问

当使用搜索引擎无法获得满意的解决方法时，我们还可以在编程社区中提问。Stack Overflow 是著名的编程社区，如图 5.7 所示。作为专注于计算机编程的社区，Stack Overflow 拥有庞大的用户群体且用户活跃度高。

值得注意的是，虽然 Stack Overflow 提供了中文网站，但其英文网站的用户活跃度通常更高。因此，如果我们在 Stack Overflow 的中文网站上未能获得满意的解决方法，不妨尝试在其英文网站上提问或搜索答案。

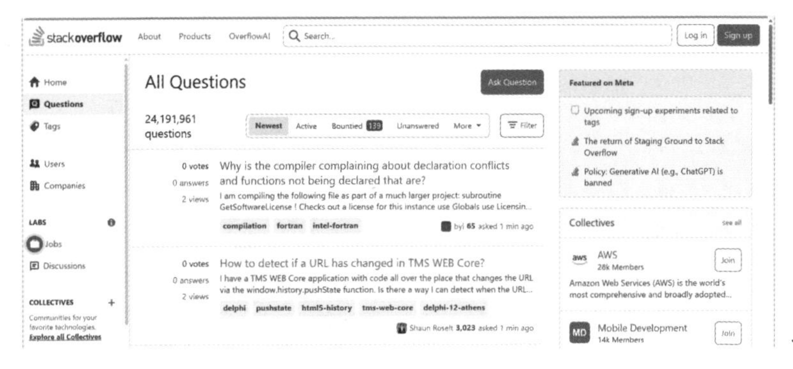

图 5.7　Stack Overflow 的英文网站

在像 Stack Overflow 这样的编程社区中提问时，为了获得有效的回答，有以下技巧。

不知道能不能得到回复。

别担心，你可以尝试注意以下几点来提升获得回复的概率。

■ 给出具体且清晰的标题

在编程社区中，用户往往会根据问题的标题决定是否回复。不具体、不明确的标题很难得到用户的回复。因此，简洁明了地描述问题中的专有名词和具体内容至关重要。

例如，像“代码为什么不运行了，请帮帮我”这样的标题，就很容易被用户忽略，即使描述问题时足够清楚，但因标题缺乏指向性，很容易被用户在浏览问题列表时忽略。而像“为什么我在使用 React 的 useState 时视图不更新”这样的标题，会更容易吸引用户的关注并激发他们回复的兴趣。

■ 全面描述问题的细节

所有未获得回复的问题都有一个共同点——问题的细节描述得不全面，使用户无法从标题和内容中确定问题的原因。例如，仅言简意赅地表示“发生错误，代码不运行”，却未提供详尽的错误信息，那么浏览此问题的用户仅凭猜测是无法给出有效回复的。

撰写和发布问题时，需要注意以下几点。

1. 提供完整的错误信息。若堆栈跟踪过长，请仅保留与代码错误直接相关的部分。

2. 如存在相关上下文，请一并提供，并根据需要适当删减以保持信息的聚焦性。

3. 明确给出所使用的编程语言、库、操作系统等环境的具体名称及版本号。

4. 以简洁明了的步骤列表形式，概述项目的操作与运行流程，如环境配置、库的安装、调试等。

■ 清晰阐述代码运行的预期结果

遵循上述要点提出的问题，将大大增加获得有效回复的可能性。提出高质量的问题是提升编程技能的关键一环，它能让我们在面临开发挑战时，以更清晰、更易于理解的方式提出问题，从而更容易获得全球范围内开发者的帮助与支持，进而促进个人编程能力的持续提升。

5.1.4 读取主要信息

到目前为止，我们已经介绍了收集信息几种方式——使用搜索引擎检索、使用 GitHub 检索和在社区中提问。然而，在收集信息的过程中，明确区分信息的主次尤为重要。通常，官方文档和各种库的代码仓库被视为主要信息来源，它们提供了高准确度的内容，对功能和规格的描述详尽，包括那些容易被忽视的细节。相对而言，个人的技术博客、评论网站等则构成了次要信息来源，这些信息可能包含过时的内容、拼写错误等，需要用户自行评估其正确性。

不擅长英语的程序员，在使用工具和库时，可能会忽视官方文档。尽管全面阅读官方文档可能具有挑战性，但在调试中遇到困难时，专注阅读官方文档中与代码故障相关的部分，会很有用。

以下是一些代表性的主要信息来源。

■ 官方文档

当代码因库或框架的原因无法正常运行时，请保持冷静，投入时间仔细研读官方文档。我们有可能会发现，代码故障仅是忽略了某个小设置导致的，或是从一开始在库的使用方法上就出错了。此外，库的规格可能随版本更迭而变化，因此务必仔细比对版本的区别。

■ GitHub Issues

如果我们使用的库已在 GitHub 上开源，那么很可能有其他用户已经遇到了相同的问题并创建了相应的 Issue（问题）。在搜索时，不要忽略那些已标记为“closed（已关闭）”的 Issue，因为那里可能隐藏着我们需要的解决方法。

■ 库的源代码

作为最后的手段，我们可以直接阅读出现故障的源代码。虽然养成阅读代码的习惯需要时间，但要知道无论是我们自己编写的代码还是开源库中的代码，本质上并无太大区别。为了找出代码故障的原因，深入阅读库的源代码，理解其行为模式，可能会帮助我们找到解决方法。同时，这也是一个学习机会，或许我们还能为这些库的改进贡献自己的力量。

我去阅读一下库的源代码，好好学习一下！

别给自己太大的压力……

5.2

没有错误信息时如何解决故障

当代码没有按预期运行时，如果系统显示了错误信息，我们可以根据这些错误信息找到具体的解决方案。然而，有时系统不会显示错误信息。这时我们就要花费大量的时间，通过反复修改代码和配置，解决代码故障。

如果没有错误信息，该如何是好？

5.2.1 检查的位置不正确

当前的软件开发已经变得极其复杂。前端、后端、微服务、数据库及众多的编程语言和开发工具相互交织。在这种开发环境下，如果发生故障，我们很容易迷失方向。

■ 确认对象

当我们遇到难以解决的代码故障，一时找不到解决方法时，首要任务是明确与代码故障相关的对象是什么。随着系统越来越复杂，找错与代码故障相关的对象，会使我们偏离正确的解决路径。

以 Web 应用程序为例，它通常包含前端和后端两部分，前者运行在浏览器上，后者运行在服务器上。我们要意识到这两部分是两个对象，代码故障会因对象不同，呈现的位置和形式不同。与前端相关的代码故障的错误信息显示在浏览器的开发人员工具中，与后端相关的代码故障的错误信息显示在终端中，如图 5.8 所示。

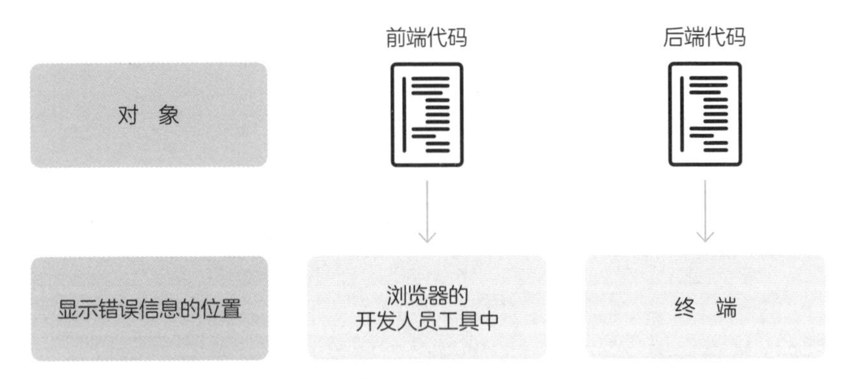

图 5.8 显示错误信息的位置因对象不同而异

如果前端发生了故障，我们在终端里对着“黑底白字”的命令行界面排查故障，是不可能找到故障在哪里发生的。因此，在面对问题时，即便最初不清楚具体原因，也应保持冷静，找准与代码故障相关的对象是什么。

我们再来看一个示例。在 Web 应用程序中，后端通常包含 Web 服务器、应用程序服务器、数据库等多个组件。当 Web 应用程序处理用户请求时，这些组件会按照特定的顺序（从 Web 服务器到应用程序服务器，再到数据库）进行协作。因此，如果代码故障发生在作为用户请求入口的 Web 服务器上，那么在应用程序服务器或数据库中排查故障是不会有任何发现的，如图 5.9 所示。

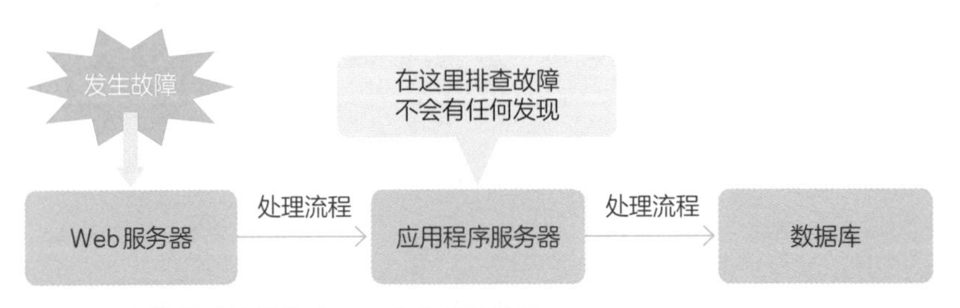

图 5.9 在错误的位置排查，不会有任何发现

当在排查当前部分无法找到故障时，请尝试拓宽视野，深入理解整个系统中不同组件的功能及它们之间的相互作用关系。一旦我们清晰地掌握了这些，就能更有效地排查故障。

5.2.2　未检查错误信息的相关输出配置

在确认了与代码故障相关的对象后，我们要检查错误信息的相关输出配置，了解不同对象输出错误信息的位置。

有些对象中的工具允许通过用户通过配置将错误信息输出到指定位置或执行相应操作，如输出到终端的命令行界面或写入文本文件。

可以输出错误信息的位置有很多呢。

如果不检查错误信息的输出配置，我们可能会忽略日志文件中的信息，而把全部精力集中在等待终端输出错误信息上。请务必仔细检查与错误信息相关的输出配置。

PHP 编程语言环境中错误信息的输出配置

在 PHP 编程语言环境中，可以打开或关闭错误信息的输出。这种打开和关闭的配置既可以通过修改配置文件 php.ini 来实现，也可以使用 PHP 代码来实现。

我们来看示例①中的代码，代码中 `echo nickname` 的部分不正确，运行这段代码会显示错误信息。

示例①

```
<?php
$nickname = 'Alice';
echo nickname; // 正确的写法是 echo $nickname;
?>
```

示例①的错误信息

```
Uncaught Error: Undefined constant "nickname"
```

在示例①的代码中插入关闭错误信息输出的代码，见示例②。示例②有着与示例①相同的错误，但由于错误信息的输出被关闭，运行代码不会显示错误信息。

示例②

```
<?php
ini_set('display_errors', 1);  ←插入关闭错误信息输出的代码
$nickname = 'Alice';
echo nickname; // 正确的写法是 echo $nickname;
?>
```

这个示例表明编程环境和工具（如Web服务器、框架等）的配置可能会影响错误信息的显示。如果遇到错误信息未显示的情况，请仔细检查相关的配置。

5.2.3 错误被异常处理机制捕获

“捕获错误”是编程中的一个概念，指的是程序运行过程中会捕获发生的错误，使程序即使遇到错误也能继续运行。

不同的编程语言提供了不同的异常处理机制来捕获错误。在 JavaScript 中，try/catch 语句是常用的错误捕获机制。我们来看一个示例（见代码 5.1）。

代码 5.1

```
try {
  data = getData();    // 发生故障的代码
} catch {
                       // 不会中断
}
```

在代码 5.1 中，尽管在调用 getData() 函数的过程中发生了故障，但因使用了 try 语句，程序既不会显示错误信息，也不会中断运行。这种处理方式的风险在于，一旦故障发生，变量 data 中存储的可能不是正确的值，进而导致后续的运行出错。

对于这种情况，我们可以在不中断程序运行的同时，让程序将错误信息显示到日志或者是控制台中，这样我们能根据错误信息及时处理故障。

错误信息中的“Uncaught”是什么？

到目前为止，我们已经在书里展示过很多错误信息的示例了。你是否留意到，在 JavaScript 编程语言环境中的错误描述的开头有一个单词“Uncaught”？

在英语中，“caught”是“catch”的过去分词，用来表示“被捕获”。“Uncaught”是“caught”的否定形式，含义是“未被捕获”。因此，“Uncaught Error”的意思就是没有被 try/catch 语句捕获的错误。

除了 JavaScript 语言，我们也会在 PHP 等语言的错误描述中见到“Uncaught”。这反映了多数编程语言提供了 try/catch 语句或类似的异常捕获机制，用以捕获并处理程序运行时可能出现的错误。

5.3

如何解决无法复现的故障

当应用程序在生产环境中运行时，我们可能会收到用户关于程序故障的反馈。面对这样的反馈，我们首先要做的是尝试在相同条件下复现故障。若故障能轻松复现，则可按常规流程继续调试。然而，实际工作中我们常会遇到无法直接复现故障的情况。

每次用户向我反馈故障，我都会感到特别紧张！

一定要保持冷静，集中精力去收集与故障相关的信息！

如果无法第一时间复现故障，首要任务是收集与故障相关的信息。需要收集的信息包括但不限于以下内容。

1. 用户的操作环境，如操作系统版本、浏览器版本、网络状况等。

2. 故障发生的具体日期和时间。

3. 用户执行的特定操作或使用的特定数据，如登录、数据输入等。

4. 错误信息。

因为我们执行了与用户相同的操作却未能复现故障表明故障原因可能不只与操作相关。

例如，Web 应用程序的某些故障可能仅出现在特定的浏览器中，或与 Web 应用程序不适配的移动平台上。与日期和时间有关的应用（如日历、通知等）中的故障，其状态可能随着操作的日期和时间而变化，因此要考虑时区差异、日期计算错误（如闰年处理、每月天数变化）等因素。有些故障仅被少数用户遇到，可能是与用户的特定操作或数据有关，如用户的登录、设置、权限或持有的特殊数据（含特殊字符的数据）等。

此时重点收集用户的完整操作环境的信息和错误信息，并在类似环境下进行验证，可以提高复现故障的概率并缩小故障发生的范围。

建议列出一个清单，对照着收集信息。

5.4

生产环境中的错误信息

本节将介绍如何处理生产环境中的错误信息。这些错误信息对调试十分重要。与开发环境不同，生产环境中，若未进行适当配置，错误信息可能不会输出，或者输出的错误信息不足以为调试提供线索。

对新手程序员及希望学习在生产环境中排查故障技巧的人来说，本节内容将会提供有益的帮助。

5.4.1 错误信息的收集方法

在生产环境中，必须对错误信息的输出位置进行恰当地配置。收集错误信息的文件称为错误日志。如果错误日志的管理不当，将会给调试工作带来极大的困难。然而，管理日志文件确实需要掌握基础设施运行和维护的专业知识，这并非易事。

好在，当前市场上有多种专为收集错误日志设计的工具，这些工具被称为"错误跟踪工具"。通过使用错误跟踪工具，即便是缺乏基础设施运行和维护经验的程序员也能高效地收集错误日志。以下是两种代表性的错误跟踪工具。

- Sentry
- Rollbar

只需在前端或服务器端程序中安装相应的专用库，并进行简单的配置，我们就可以轻松使用这些错误跟踪工具了。当发生代码错误时，我们可以在专门的管理界面上收集并检查错误的详细信息。

图 5.10 展示了 Sentry 收集的错误信息的详细页面。

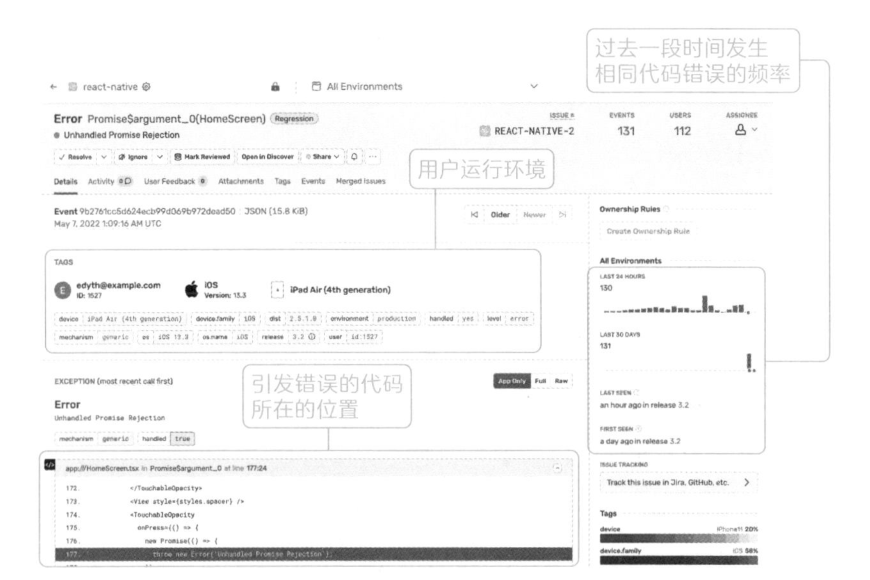

图 5.10　Sentry 收集的错误信息的详细界面

在此页面，我们不仅可以看到发生代码错误的操作系统、浏览器版本等信息，还可以看到引发错误的代码所在的位置，以及过去一段时间发生相同代码错误的频率等信息。这样的错误信息，对调试及提高应用程序的质量有极大帮助。

5.4.2　日志管理技术的发展

记录系统操作和事件发生的数据被称为“日志（log）”。日志不仅常用于分析系统的运行状况，而且对调试也极为有用。

日志的本质是历史数据，除了包含正常操作的历史数据，也包含发生异常时记录的历史数据（错误信息）。其中专门记录错误信息的日志被称为“错误日志”，如图 5.11 所示。

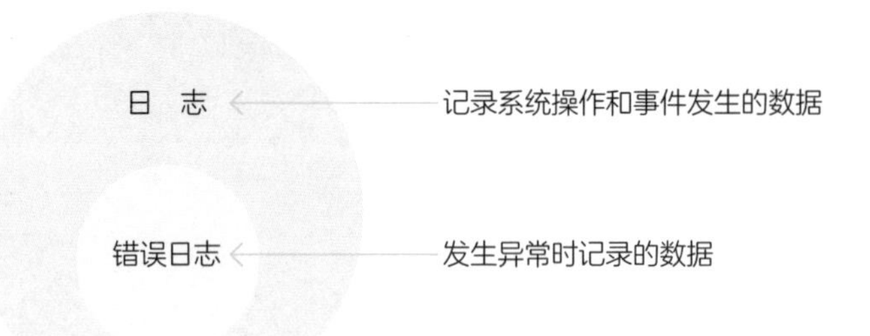

图 5.11　日志和错误日志

在调试时，错误日志可以帮助我们找到错误原因。然而，有时代码错误可能源自一系列在错误显现之前就已发生的操作。面对这种情况，检查包含正常操作流程的日志就成了一种有效的方法，它能帮助我们验证导致错误发生的具体路径和条件。

随着时间的推移，软件技术的发展突飞猛进。过去，简单的 Web 应用程序将代码保存在单个服务器上，并提供与之配套的数据库，使其能正常工作。而“云计算”概念的兴起，使得现代的 Web 应用程序变得非常复杂。服务器位于云端，每个应用程序被容器化，应用程序之间借助多个中间件进行通信，共同保证整个服务的运行。云服务厂商如 Amazon Web Service（AWS）、Azure、阿里云、华为云等，还提供了多台服务器并行化运行的服务，以增强了系统的冗余性和可靠性。

因此，应用程序的运行日志不再集中存储于单一位置，而是遍布于各个分散的节点，这无疑增加了分析日志的难度。对此，我们可以使用集中管理日志的服务，高效地管理分散的日志。以下是几个具有代表性的集中管理日志的服务平台。

- Logflare
- Papertrail

- Logtail
- Datalog

使用这些服务平台，我们可以将各种 Web 服务器和应用程序的日志集中到一处。此外，这些服务平台具有高级搜索功能，我们可以轻松查找包含特定日期、时间、关键字的日志。

有些工具提供了免费服务。

在调试过程中，我们有时不仅要检查错误日志，还要检查错误发生前的日志，这样可以有效排查故障。鉴于日志一旦丢失便无法恢复的特性，我们建议在应用程序运行时定期检查日志的完整性。

故障很难解决时的变通方案

有些时候，我们难以确定故障的原因，或是即使能确定故障原因，也可能因技术问题难以解决。此时，为了保持应用程序的基本运行，我们可以采取一种名为“变通方案（workaround）”的方式绕过故障，如图 5.12 所示。

变通方案并未提供根本的解决方案，而是采取一种替代路径，使程序能够暂时“正常”运行，它更像是一个绕过障碍的“旁路”。尽管这种做法可能掩盖了潜在的问题，并非长期积极的策略，但在实际情况下，它是一种现实可行的选择。

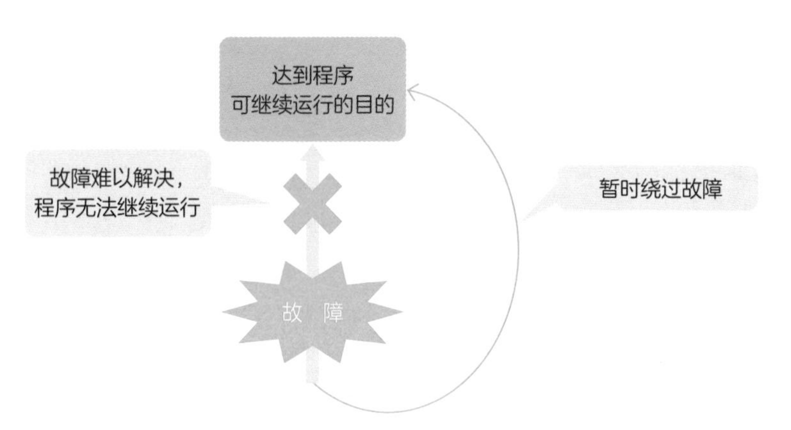

图5.12　变通方案的示意图

解决代码故障是一场与时间的赛跑。哪怕面对非常难以解决的故障，我们也应坚持不懈地尝试各种方法，而变通方案为我们提供了另一种可行性。

第 6 章

编写便于调试的代码

你能帮我调试一下
我编写的代码吗？
交给我吧！

嗯？这些代码……

非常容易调试
……
莫非是……

我的调试技能
调
试
见长了？

第二天

我写的代码……
仍然很难调试。
编写代码的方法
也会影响调试的难度。

到目前为止，我们已经介绍了排查故障的方法和解决代码故障的方法。然而，理想状态是不发生故障，即便发生了故障，也应确保代码易于调试。为此，本章介绍如何编写便于调试的代码。

前文提过，“调试”是识别故障、找出故障原因、解决故障等一系列工作的过程。在此过程中，密切关注问题的影响范围及程序运行时的具体状态（如变量的值等），以便快速定位问题根源至关重要。鉴于此，本章会进一步介绍编写代码时应遵循的原则和规范。

本章所涵盖的内容，旨在帮助新手程序员掌握编程的技巧。因此，我们建议新手程序员在理论学习的同时，注重实践，通过不断练习来加深和理解这些技巧。

6.1 避免不必要的重新赋值

编写易于调试的代码的第一个技巧是避免不必要的重新赋值。重新赋值是指给已定义的变量再次赋值，重写变量的内容（见代码 6.1）。

代码 6.1

```
let nickname = "Alice";
nickname = "Bob";          // 重新赋值
```

在编写程序时，我们可能会遇到需要在某些情况下通过重新赋值来更新数据的场景。然而，值得注意的是，滥用重新赋值会降低代码的可读性。因此，除非确实必要，建议谨慎使用重新赋值。为了更具体地说明这一点，我们以代码 6.2 作为示例进行讲解。

代码 6.2（使用过多重新赋值，有改进余地的代码）

```
function sample() {
  let data = getData();          // ❶ 声明 data
  // 处理
  data = sort(data);             // ❷ 为 data 重新赋值
  // 处理
  data = filter(data);           // ❸ 为 data 重新赋值
  // 处理
}
```

在代码 6.2 中，变量 data 在第二行被定义后，在随后的几行中被反复重新赋值。阅读这种频繁重新赋值的代码，我们必须时刻关注变量 data 的值，这无疑增加了跟踪程序处理流程的难度。如果在这个函数的其他部分也使用了变量 data 且没有明确的注释来指明它的状态，那么判断变量 data 的值会非常困难，需要花费更多的精力细致地分析代码。

是否存在不通过重新赋值来更新变量的方法呢？答案是肯定的。一个简单且有效的方法是，为变化后的数据声明一个新的变量（见代码 6.3）。

代码 6.3

```
function sample() {
  const data = getData();                          ❶ 声明 data
  // 处理
  const sortedData = sort(data);                   ❷ 声明 sortedData
  // 处理
  const filteredData = filter(sortedData);         ❸ 声明 filteredData
  // 处理
}
```

代码 6.3 是代码 6.2 的改进版本，将第 4 行 sort() 函数进行排序处理后返回的数据声明为变量 sortedData，将第 6 行执行 filter() 函数进行过滤处理后返回的数据声明为变量 filteredData。

虽然直接看，代码 6.2 使用重新赋值的方法编写的代码可能显得更简洁，文本量也更少，但代码 6.3 的写法通过将数据与具有描述性名称的变量关联起来，显著提高了代码的可读性和可维护性。例如，当看到 sortedData 变量被使用时，可以立即理解该变量存储的是已经排序的数据。

6.1.1 限制重新赋值的机制

JavaScript 语言为我们提供了一种限制重新赋值的机制，允许我们在定义变量时，通过将 let 关键字替换为 const 关键字，来声明一个“常量”。这一做法有效地禁止了对该变量进行重新赋值。在代码 6.3 中，我们已经使用了 const 关键字。如果你正在使用的其他编程语言也提供了类似的常量声明机制，那么不妨尝试使用这个机制提高代码的稳定性和可读性。

6.1.2 限制重新赋值对调试的帮助

为了直观了解限制重新赋值对调试的帮助，我们借助第 4 章中讲到的断点功能，来对比代码 6.4 和代码 6.5。假设代码中已经定义了 random() 函数和 double() 函数，代码 6.4 使用了重新赋值，代码 6.5 没使用重新赋值。

代码 6.4

```
let a = random();
a = double(a);
debugger;
```

代码 6.5

```
const a = random();
const b = double(a);
debugger;
```

首先来看代码 6.4 在断点处（代码第 12 行）中断运行的情况，如图 6.1 所示。

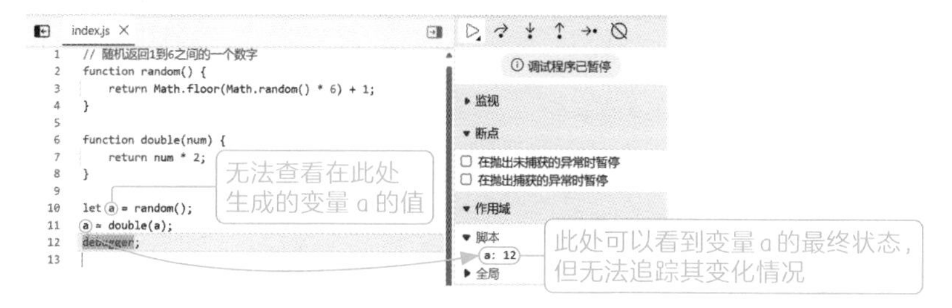

图 6.1 代码 6.4 在断点处中断运行时的情况

在使用重新赋值的情形下，当代码在断点处中断时，我们可以检查变量 a 在那一刻的值，但无法确定由 `let a = random()` 语句生成的变量 a 的值。因为 random() 函数每次执行都会生成不同的值。这种不确定性使得整个调试流程不够直观，同时增加了调试的复杂性。为了获取 random() 函数的结果，我们需要在第 11 行和第 12 行代码中间设置额外的断点，并重新调试。

再来看代码 6.5 在断点处的中断运行的情况，如图 6.2 所示，我们能同时查看变量 a 和变量 b 的值。

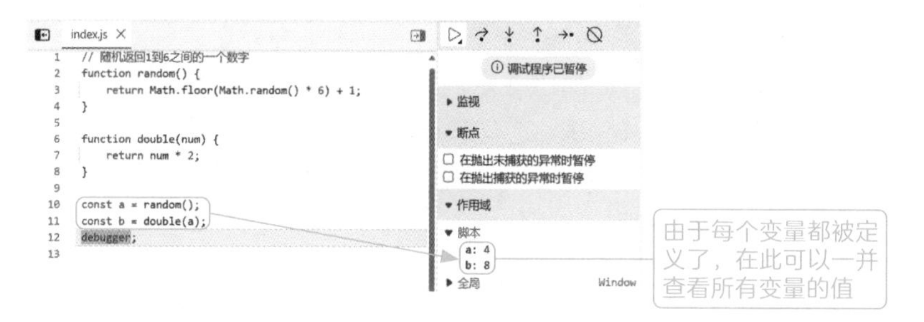

图 6.2 代码 6.5 在断点处中断运行时的情况

变量 a 和变量 b 的值被同时显示了！

不使用重新赋值的情形下，我们能够更好地查看各个变量的值，掌握代码的运行情况，这有利于我们在遇到代码故障时，快速定位故障原因。

专栏

发现代码的潜在问题

调试通常在代码错误发生之后进行。然而，借助静态代码分析工具，我们可以在错误发生之前发现代码中潜在的问题，从而有效预防错误的发生。这类工具能够深入分析代码而不实际执行它，并在发现潜在问题时向开发者发出警告。这类工具常被形象地称为“linter”，因为“lint”一词原意指“线头”，而静态代码分析工具的作用就像是在代码这匹“布”上精心地清理掉那些多余的“线头”。

静态分析技术能够识别出多种问题，包括但不限于未使用的变量、未定义的函数引用、违反编码标准的行为模式，以及可能引发故障的代码结构。在 JavaScript 开发领域，ESLint 是一款广受欢迎的静态分析工具。它提供了丰富的配置选项，默认配置即已对代码质量设定了较高的标准。例如，ESLint 中的“prefer-const”规则会智能地识别出仅被赋值一次却使用 let 声明的变量，并提醒开发者考虑使用 const 来声明变量，从而限制对它们的重新赋值，增强代码的可读性和可维护性。

```
let foo = 100;      // 未被重新赋值的变量不应使用 let 关键字声明

const foo = 100;    // 推荐使用 const 关键字声明，限制重新赋值
```

程序员除了需要具备编写高质量代码的意识，还要善用静态代码分析工具辅助发现代码的潜在问题，从而编写出更优质的代码。

6.2

尽量缩小变量的作用域

“作用域”是指变量和函数的有效使用范围。不当放大作用域会增加代码的阅读难度，不利于调试。接下来，我们看一个示例（见代码 6.6）。

代码 6.6

```
function fn() {
  const data = getData();
  if (条件表达式) {
    // 使用变量 data 的处理
  } else {
    // 不使用变量 data 的处理
  }
}
```

将变量 data 的定义放在 if 语句内部以缩小作用域

在代码 6.6 中，变量 data 被声明在 fn() 函数的全局作用域内。但实际上，其使用仅限于 if 语句中条件为真时的那个分支。这表明变量 data 的作用域被不必要地扩大了。为了优化代码，我们将变量 data 的声明移至 if 语句内部，从而将其作用域缩小（见代码 6.7）。

代码 6.7

```
function fn() {
  if (条件表达式) {
```

```
    const data = getData();
    // 使用变量 data 的处理
  } else {
    // 不使用变量 data 的处理
  }
}
```

我们仅调整了变量定义的位置，而这一简单的调整却能有效提升调试的效率。

作用域过大，会有以下几个缺点。

■ 调试时需要阅读的代码量增加

当作用域过大，超出必要范围时，我们在调试中就需要额外阅读大量不必要的代码，这无疑会消耗我们宝贵的精力。

如图 6.3 所示，如果想查看 `getData()` 函数返回的变量 `data` 的值，当作用域过大时，我们就不得不检查 `sample()` 函数内部的代码，然而当缩小作用域后，我们只需检查 `if` 语句内的代码，明显减少了需要阅读的代码量。

■ 程序性能下降

在代码 6.6 中，无论条件是否满足，`getData()` 函数都会被调用一次；而在代码 6.7 中，仅在满足特定条件时，`getData()` 函数才会被调用。作用域过大时，有些不必要执行的内容会被执行，非常耗时，不仅浪费了计算机资源，还降低了程序性能。

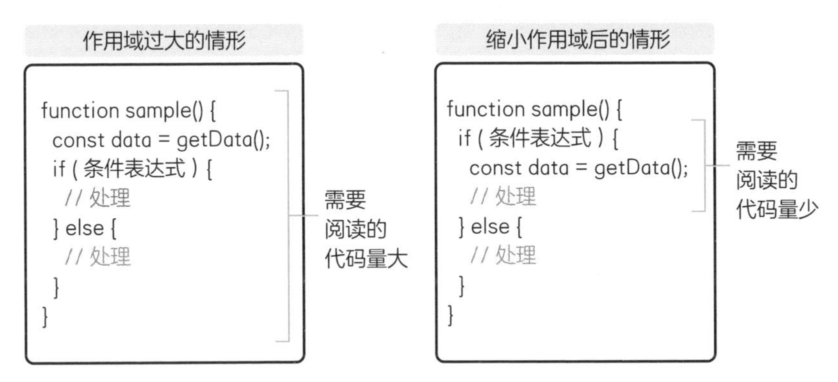

图 6.3　作用域过大，需要阅读的代码量大

■ 不利于代码的重构

假设我们计划对 `data = getData()` 这一行代码进行重构。在作用域相对较小的情况下，我们只需关注这一行代码的修改对条件分支内部逻辑的影响；然而，在作用域相对较大的情况下，我们必须全面考虑这一修改对整个 `sample()` 函数内部结构和逻辑的影响。

综上所述，不当地扩大作用域通常弊大于利。因此，合理地缩小作用域作为一项有效的技术手段，应被充分重视并灵活应用。

通过考虑重构代码可能影响的范围来缩小作用域。

6.3

了解单一责任原则

对新手程序员而言，“单一责任原则”可能是一个较为抽象且难以立即掌握的概念。要准确阐述并理解这一概念，通常需要借助面向对象编程中的“类”和“对象”等概念。如将单一责任原则描述为“一类对象应当仅负责一项任务”。然而这看上去也不是很好理解，我们进一步简化，单一责任原则就是“每段代码只具备一个功能”。

遵循“单一责任原则”编写的代码，其功能划分更加清晰，降低了复杂度，使得代码更加易于修改和维护，同时也有效减少了潜在故障的发生概率。

为了更直观地阐述这个概念，我们通过一个假设的“个人资料文档创建服务”来举例说明。在此服务中，我们将服务的使用者定义为“用户”，服务的管理者定义为“管理员”。具体职责划分如下。

1. 用户：创建个人资料文档；在个人资料中修改姓名、年龄等信息。

2. 管理员：修改个人资料文档的格式。

■ 个人资料文档更新功能

我们聚焦该服务中应有的个人资料文档更新功能。假设有一个名为 `updateProfile()` 的函数负责实现这一功能，如图 6.4 所示。

尽管这个函数看似简单，但当我们深入分析个人资料文档更新功能的具体应用场景时，可以发现它实际上在以下两个场景中被使用，如图 6.5 所示。

1. 管理员修改个人资料文档格式时。

2. 用户修改个人资料文档中的信息时。

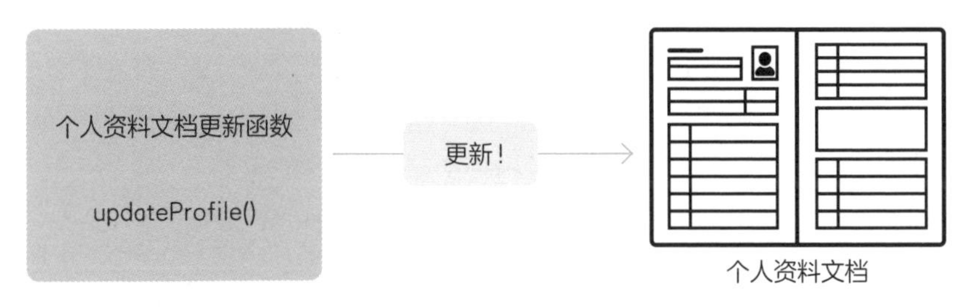

图 6.4 updateProfile() 函数

图 6.5 updateProfile() 函数调用场景

换句话说，考虑不同的应用场景，这个函数其实具有两个功能。这违反了单一责任原则。那么，这存在什么风险呢？

用一段代码实现两个功能，难道不是“一石二鸟”吗？

■ 违反单一责任原则存在的风险

我们设想一个具体的情景。某日，开发该功能的程序员收到管理员的意向请求：在更新个人资料文档格式的同时，保存更新的历史记录。于是，程序员对 `updateProfile()` 函数进行了修改，追加了保留更新的历史记录的功能。然而，数日后，程序员收到了来自用户的反馈——无法正常更新个人资料了！

问题根源在于 updateProfile() 函数需要同时满足“管理员”和“用户”这两类不同角色的需求。程序员在响应管理员需求对代码进行调整时，未能充分预见这一改动可能对用户正常使用造成的障碍。这就是违反单一责任原则存在的风险。当一段代码对应多个功能时，我们即便是进行了微小的修改，也要考虑所有功能的兼容性，否则后续的维护将会变得非常困难。

■ 正确的做法是什么

答案很简单，遵循单一责任原则。对于个人资料文档更新功能，我们定义两个函数——updateTemplate() 和 updateProfileData()，分别实现管理员和用户的需求，如图 6.6 所示。

在编写代码时，我们应时常自问：“这段代码是专为满足哪类群体或实现哪个具体功能而编写的？”以此提醒自己遵循单一责任原则编写代码。

在应对管理员的需求时，
只需修改这个函数即可！

图 6.6　定义两个函数

“实现越多功能的函数就越有价值”的观点，
好像不太对。

6.4 认识和使用纯函数

代码的可读性很大程度上取决于函数的编写方法。本节将介绍一种编写函数的技巧。

在计算机编程语言中，满足特定条件的函数被称为“纯函数”。纯函数具有便于阅读、便于调试等优点。我们来一起了解下纯函数。

6.4.1 什么是纯函数

纯函数是满足以下两个条件的函数。

1. 返回值仅由其调用时的参数决定。

2. 无副作用。

我们来仔细介绍这两个条件。

■ 返回值仅由其调用时的参数决定

我们来看代码 6.8 中的 double() 函数。只要用相同的参数调用，其返回值就是相同的，也就是 double() 函数满足“返回值仅由其调用时的参数决定”这一条件。

代码 6.8

```
function double(a) {
  return a * 2;
}
```

```
double(3);  // 第一次调用时返回值是 6
double(3);  // 第二次调用时返回值也是 6
            // （无论调用多少次，只要参数相同，返回值就一定相同）
```

我们再来看代码 6.9 中的 add() 函数。使用相同的参数调用，其返回值会根据情况发生变化。也就是说 add() 函数一定不是纯函数。

代码 6.9

```
let x = 100;

function add(a) {
  return x + a;
}

add(3);  // 第一次调用时返回值是 103

x = 200;

add(3);  // 第二次调用时返回值是 203（用相同的参数调用，返回值不一定相同）
```

■ 无副作用

什么是无副作用啊？

我们在日常生活中所听到的“无副作用”通常和药品有关。

而计算机编程中的“无副作用”，指的是“函数在执行过程中，不会对其外部的程序的状态进行修改”。

代码 6.8 中，double() 函数仅根据调用时的参数返回结果，不会改变函数外部程序的状态，也就是说 double() 函数满足纯函数的第二个条件“无副作用”。

而代码 6.10 中，fn() 函数在处理传入的参数 x 时，不仅对其进行了某种添加元素的操作，而且在此过程中还改变了函数外部定义的变量 numbers 的状态，也就是说 double() 函数有副作用。

代码 6.10

```
let numbers = [1, 2, 3];

function fn(x) {
  x.push(4);
  return x;
}

console.log(numbers);
fn(numbers);
console.log(numbers);
```

fn() 函数的执行使得变量 numbers 的值发生了改变

6.4.2 纯函数和非纯函数的比较

我们来对比纯函数和非纯函数。为了简化说明，我们用以下的代码作为示例且不去考虑它们的实用性。你可能会想：“我在现实的开发工作中不会写这些无意义的代码。”但请允许我们通过这些示例来展示纯函数的优点。毕竟，随着编程实践的深入，你很有可能会遇到或需要编写出结构上与之类似，但功能更为重要的纯函数代码。

纯函数的示例

```
function addPure(a, b) {
  return a + b;
}
```

非纯函数的示例

```
let total = 0;

function addNotPure(a, b) {
  total = a + b;
  return total;
}
```

我们来探讨为什么纯函数相较于非纯函数易于阅读、便于调试。首先，纯函数的返回值仅由调用时的参数决定，这意味着我们只需阅读函数内部的代码，而无须像阅读非纯函数代码那样，花费精力判断函数外部的代码是否对返回值有影响，如图6.7所示。

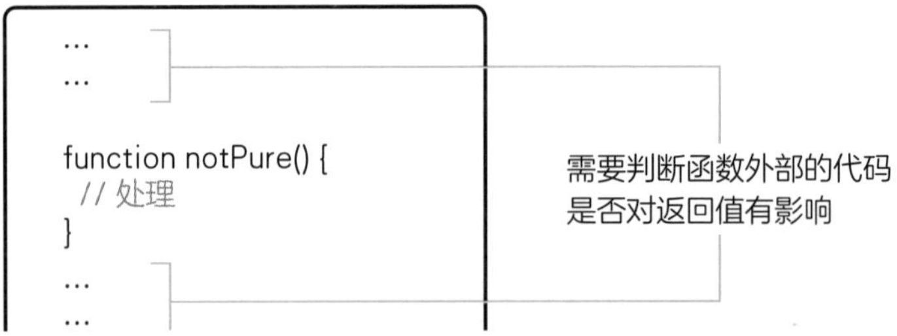

```
…
…

function notPure() {
  // 处理
}
…
…
```

需要判断函数外部的代码
是否对返回值有影响

图6.7　判断函数外部的代码是否对返回值有影响

其次，纯函数无副作用的特性，使得我们无须像调试非纯函数代码那样，时刻检查调试是否对函数外部的代码产生影响，如图 6.8 所示。

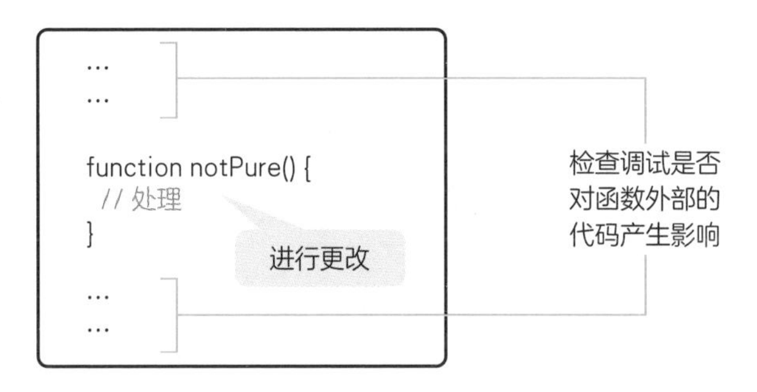

图 6.8 检查调试是否对函数外部的代码产生影响

6.4.3 如何利用纯函数

相信此时已经有人跃跃欲试，想要用纯函数重写所有代码。但在此之前，有几件事情需要我们注意。

尽管纯函数具备诸多优势，但在实际的编程语言应用中，将所有函数转变为纯函数并不现实，并且有些函数也不应改成纯函数。因为很多时候，程序需要与外部状态（如文件系统、网络等）进行交互。

关键是创建对外部代码影响小的函数。

在掌握了纯函数相关概念的基础上，重要的是要认识到如果采用纯函数能够提升代码质量，则应尽量采用，如果无法采用纯函数，也应有意识地减少不必要的副作用，创建对外部代码影响小的函数。

6.5

编写类型明确的代码

代码发生故障的一大原因是“值的类型和预期的不一致”。我们来看下面的示例（见代码 6.11）。

代码 6.11

```
function hello(name) {
  const upperName = name.toUpperCase();
  console.log(`你好，${upperName}`);
}

hello('Alice');
hello(10); // Error
```

toUpperCase() 方法只对字符串有效

显示字符串“你好，Alice”

在代码 6.11 中，函数 hello() 用于接收名为 name 的参数。该参数预期为字符串类型（string 类型），因为代码中 toUpperCase() 方法是将字符串中的小写字母转换为大写字母，如果参数类型不是字符串类型，则会发生代码故障。由于这种类型不匹配的问题在语法层面并不构成错误，它往往难以在开发初期被察觉，因而会在开发中频繁引发代码故障，如图 6.9 所示。

类型不匹配的问题很难被察觉，
会在生产环境中频繁引发代码故障

编写代码 → 发 布 → 用户使用服务

图 6.9 类型不匹配的问题很难被察觉

为了防止类型不匹配，我们可以采取哪些措施呢？

6.5.1 通过注释标明类型

在理解函数的执行流程时，参数的类型和返回值的类型是极其重要的信息。掌握这些信息不仅能帮助我们深入理解函数的运作方式，还能使我们有效地判断在调用函数时所传递的数据是否符合预期的类型要求。一种常见的有效做法是在代码中通过注释标明类型（见代码 6.12）。

代码 6.12

```
/**
 * 返回参数字符串的长度
 * @param {string} name - 输入的名称
 * @returns {number} - 名称的长度
 */
function nameLength(name) {
  const length = name.length;
  return length;
}
```

似乎不必将代码 6.12 中的类型信息写得如此详尽。然而，当函数变得复杂时，这种做法便能极大地便利我们，使我们能通过注释迅速理解函数的功能，有时甚至无须深入阅读整个函数的代码。

将代码交给其他人时，注释也是十分有用的。

6.5.2 利用编程语言的特性附加类型信息

我们还能借助编程语言的特性来附加类型信息。然而，遗憾的是，JavaScript 并不支持直接在代码中附加类型信息。但幸运的是，在 JavaScript 的扩展语言 TypeScript 中，我们可以以如下方式来附加类型信息（见代码 6.13）。

代码 6.13

```
function nameLength(name: string): number {
  const length: number = name.length;
  return length;
}
```

代码第一行中的 nameLength(name: string): number 表明参数 name 的类型是 string，函数的返回值类型是 number。

TypeScript 语言的一个优势是其内置有“静态检查”功能。静态检查功能能够在不运行代码的情况下帮助程序员检查并识别代码中的潜在错误。由于 TypeScript 语言能附加类型信息，因此当代码中存在类型不匹配的错误时，静态检查功能能够立即发现并指出这些错误，从而有效预防生产环境中的故障发生（见图 6.10）。

常见的动态类型语言，如 PHP、Python 和 Ruby 等，也支持附加类型信息。通过清晰地标注类型信息，我们能够编写出更加稳健、不易出错的代码。

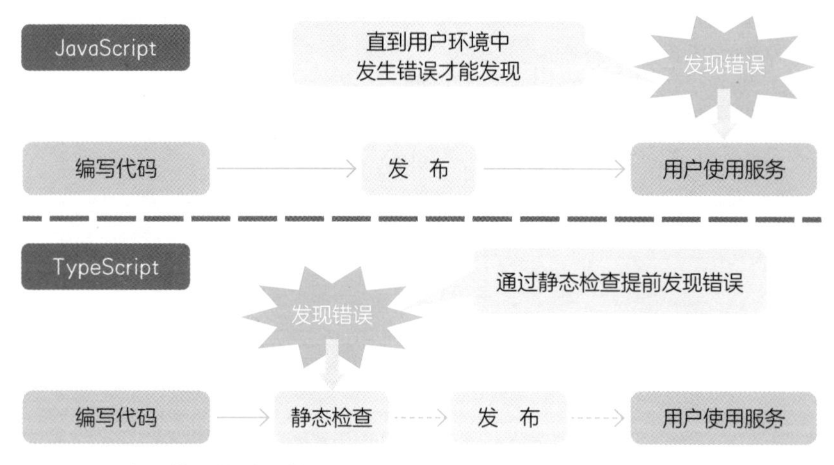

图 6.10　发现错误的时间差异

动态类型语言和静态类型语言

编程语言可以分为“动态类型语言”（如 JavaScript、PHP 和 Python 等）和“静态类型语言”（如 Go、C、C++、Java、TypeScript 等）。本节涉及的“类型不匹配”是动态类型语言中常见的错误原因。

我们简要解释一下这两类语言的区别。动态类型语言是在程序运行时进行类型检查，而静态语言类型是在代码编译是进行类型检查。前者在程序运行过程中根据赋值动态确定变量的类型，因此类型错误通常在程序运行时才会暴露；后者在编写代码阶段，由编译器检查变量的类型声明和使用的是否一致，从而在程序运行前捕获类型相关的错误。

作为对比，下面重新列出本节开头用来举例的 JavaScript 代码，以及用 TypeScript 语言改写后的代码。

动态类型语言 JavaScript 的示例

```
function hello(name) {        参数的类型不确定
  const upperName = name.toUpperCase();
  console.log(`你好，${upperName}`);
}

hello(10);                    执行时发现错误
```

静态类型语言 TypeScript 的示例

```
function hello(name: string) {    参数确定为字符串类型
  const upperName = name.toUpperCase();

  console.log(`你好，${upperName}`);
}

hello(10);                        程序运行前发现错误
```

在 JavaScript 语言中，`hello()` 函数的参数被期望为字符串类型，但 JavaScript 是一种动态类型语言，在代码运行时才能确定变量的具体类型。因此，像 `hello(10)` 这样将非字符串类型的数值作为参数传递给它，虽在语法上是可行的，但会因函数内部类型不匹配而运行出错。

相比之下，TypeScript 作为一种静态类型语言，通过 `hello(name: string)` 声明参数 `name` 的类型为字符串。这意味着，如果像 `hello(10)` 这样传递一个不符合预期类型的参数，TypeScript 的编译器会在运行代码前发现类型不匹配的问题。

6.6 编写有助于调试的测试代码

“测试代码”是专为验证软件质量而设计的，用于自动测试代码的执行情况。通过运行测试代码，我们能够自动验证编写的代码是否按预期工作。

使用测试代码能够显著提升调试的效率。它不仅能帮助我们提前发现潜在的错误，还能在修改代码后快速验证修复是否有效，从而加速整个开发流程。

6.6.1 测试代码示例

我们通过一个具体示例来了解测试代码。代码 6.14 是一个简单的执行加法运算的函数。

代码 6.14

```
function add(a, b) {
  return a + b;
}
```

代码 6.15 是为检查代码 6.14 中函数的执行情况而编写的测试代码。

代码 6.15

```
function testAdd() {
  const result = add(2, 3);
```

```
  if (result !== 5) {  ←结果与预期不一致时，发生错误
    throw new Error(`add(a, b) 应返回 a 和 b 的和，但返回值是
${result}`);
  }
}
```

在测试代码中，我们将 2 和 3 作为参数传递给 add() 函数，如果该函数返回的结果不是预期的 5，则会自动触发代码错误。

一旦发生代码错误，就需要对 add() 函数进行调试，随后再次运行测试代码以检查其执行情况，这个过程可能需要反复进行。由于测试代码是由机器自动执行的，因此它能够比人类手动操作更快地验证代码行为。此外，测试代码在执行大量重复验证任务时不会出错，这是其一大优势。

我感觉测试代码好像没有什么特别之处……

其实测试代码和你平时写的代码在形式上是基本相同的。

当前，各种编程语言发展出了各自的测试框架，这些框架在实际的开发工作中得到了广泛的应用。以 JavaScript 为例，Jest 是常见的测试框架。我们用 Jest 改写代码 6.15（见代码 6.16）。

代码 6.16

```
test('add(2, 3) 的结果应该是 5', () => {
  expect(add(2, 3)).toBe(5);
});
```

利用测试框架，我们能够轻松验证函数 add(2, 3) 的返回值是否确实为 5。因为测试代码可能被团队中的其他成员或未来的维护者检查，所以编写时不仅需要易于实现，更需具备良好的可读性。我们建议所有程序员在编写测试代码时，选择一个既能简化编写流程又能增强代码可读性的测试框架。

编写测试代码是一门学问，关于这方面的知识足够单独写一本书来介绍。本书仅限于介绍其基本概念。如果你想了解更多关于测试代码的知识，请查阅专门的书籍。

6.6.2 测试代码和调试的关系

我们说“测试代码有助于调试”，这主要基于以下两个方面。

1. 测试代码能够自动化地完成调试中的检查，从而提高效率。

2. 通过测试代码，我们可以验证对故障代码的修复是否可能引入了新的问题，即检查修复是否会对代码的其他部分产生影响。

在调试工作中，频繁地手动检查代码不仅耗时耗力，而且效率低下。为此，我们可以利用测试代码来自动化这一过程，从而释放我们的时间，使我们能够更专注于寻找故障的根本原因。

而即使成功修复了故障代码，我们也必须警惕这一修复是否可能在代码的其他部分引发新的问题。在评估这种潜在风险时，测试代码的作用至关重要。如果整个系统都配备了全面的测试代码，那么当顺利通过测试代码的验证时，就可以认为整个程序是没有问题的。与手动逐一检查修复可能带来的外部影响相比，使用测试代码进行验证不仅速度更快，而且结果更为可靠。

6.6.3　发生故障时，编写测试代码

我们刚才介绍了，使用测试代码可以提高调试效率。这意味着，一旦代码发生故障，我们应该编写测试代码，尝试复现故障。

以下是遇到故障时推荐的应对方案。

第一步：明确故障类型。

第二步：使用测试代码尝试复现故障。

第三步：修复代码，并用测试代码验证修复效果。

调试往往伴随着大量的重复性劳动，这些手动检查不仅耗时耗力，还极易出错，尤其是在面对突发故障时，更容易让人手忙脚乱。我们应当积极编写并利用测试代码，以此高效地完成调试。

通过端到端测试工具复现用户操作流程

本节所介绍的测试代码是用于测试程序各个组成部分（如函数、类等）的，这类测试也被称为“单元测试”。除了测试代码，还有另一种测试，它通过模拟真实的用户操作流程来检查应用程序的整体行为，这种测试被称为“端到端测试”。

端到端测试旨在全面评估应用程序的运行状况，确保应用程序在实际使用环境中可以无故障运行。由于这类测试不依赖于特定的编程语言，因此可以用来检查各种应用程序。以下是一些常见的端到端测试工具，适当地应用它们能够显著提高调试效率。

1. Playwright/Selenium：浏览器应用程序测试工具。
2. XCUITest/Espresso 测试记录器：移动应用程序测试工具。前者用于 iOS 系统，后者用于 Android 系统。

后　记

代码错误好像也没那么可怕了。

我以前也认为错误很棘手……现在也算是成长了！

调试也变得有趣了。

那我们就保持这种积极的心态，一起享受编程的乐趣吧！

感谢各位读者能读到本书的这一页。

根据经验，许多关于阅读错误信息的方法和高效调试的技巧，是通过“传帮带”的方式，从经验丰富的程序员口头传给新手程序员的。尽管调试是编程不可或缺的基本技能，但令人惊讶的是，当程序员想要深入学习调试时，可供参考的资料却相对有限。因此，我们将调试的基本原理和一些实用技巧汇集成册，以供读者参考。

我们希望大家能与代码错误称为朋友。遇到代码故障时，不要抵触，试着换个角度去思考——这次我又能学到什么呢？我应该从哪里开始调试？还有哪些地方可以优化？这样，编程将会变得很有意思。

如果各位读者愿意在自己的社交媒体上分享自己遇到代码故障时的经历、实用的技巧、对本书的感悟，我们不胜感激。调试方法并无绝对的对错之分，这些分享，包括对失败的反思，都可能成为其他程序员宝贵的学习资料。我们热切期待你们的分享。

最后，希望本书助力每一位读者的成长。

樱庭洋之　望月幸太郎